中央高校教育教学改革基金（本科教学工程）资助项目
2021年湖北省公益学术著作出版专项资金资助项目
国家自然科学基金项目"特提斯演化过程中火山活动对古、中生代之交的陆海生产者及其环境的影响（项目号：92055201）"资助

寻找古植物王国
一场穿越2.5亿年的地质学旅行

哈达　舒文超　著

中国地质大学出版社

序

　　自人类出现以来，特别是工业革命以后，生物多样性和生物栖息地迅速减少。据不完全统计，当今物种灭绝的速度估计是地球历史上平均灭绝速度的100倍；400年间生物生活的环境面积缩小了90%。因此，许多生物学家提出地球或正处于第六次生物大灭绝前期。现今这些生物与环境的变化通过我们的跟踪、观察和调查，是可以直接了解的，但对于地质历史上显生宙以来发生的五次生物大灭绝事件，我们如何知晓并予以展示呢？

　　随着科学技术的不断进步和人类生产活动范围的不断扩大，越来越多的化石被人们发掘和研究。正是这些化石帮助我们了解了地球生命演变、灭绝及其生活环境转变的全过程。在众多生物类群中，必须要讲到的是植物，它为生物圈中的其他生物提供食物，调节碳氧平衡，促进水、氮循环等。追溯到4亿年前，植物开始登陆，紧接着动物开始登陆。在随后的生物大灭绝事件中，植物同样难逃劫运，遭受巨大的冲击，尤其是在距今2.5亿年左右最大的一次生物大灭绝事件中表现最为明显，如在中国华南地区，生物大灭绝事件摧毁了当时的成煤环境（如热带雨林植被），使煤炭不能形成，直到这次生物大灭绝事件发生500万年之后才重新出现，即缺煤事件。

　　为了展现植物在这次生物大灭绝事件中的演变过程，本书通过讲解古植物化石的研究过程，最终以单株古植物和植物群落景观复原图的形式呈现一个存在于距今2.5亿年左右生物大灭绝事件发生前的中国华南地区古植物王国，带领读者一步步走进那片远古热带雨林。当你打开这本书时，远古植物就会活灵活现地呈现到你的面前。你将被这些朴拙、生动、美轮美奂的复原植物深深吸引，同时了解到生命在自然灾害面前既显得渺小，又具有春风吹又生的不屈精神，从而警示我们要敬畏自然，珍爱生命，遵循人与自然和谐共处的发展理念，为"美丽中国　宜居地球"贡献一份力量。

中国科学院院士：殷鸿福

2022年10月12日

栉羊齿

大羽羊齿

4.复原

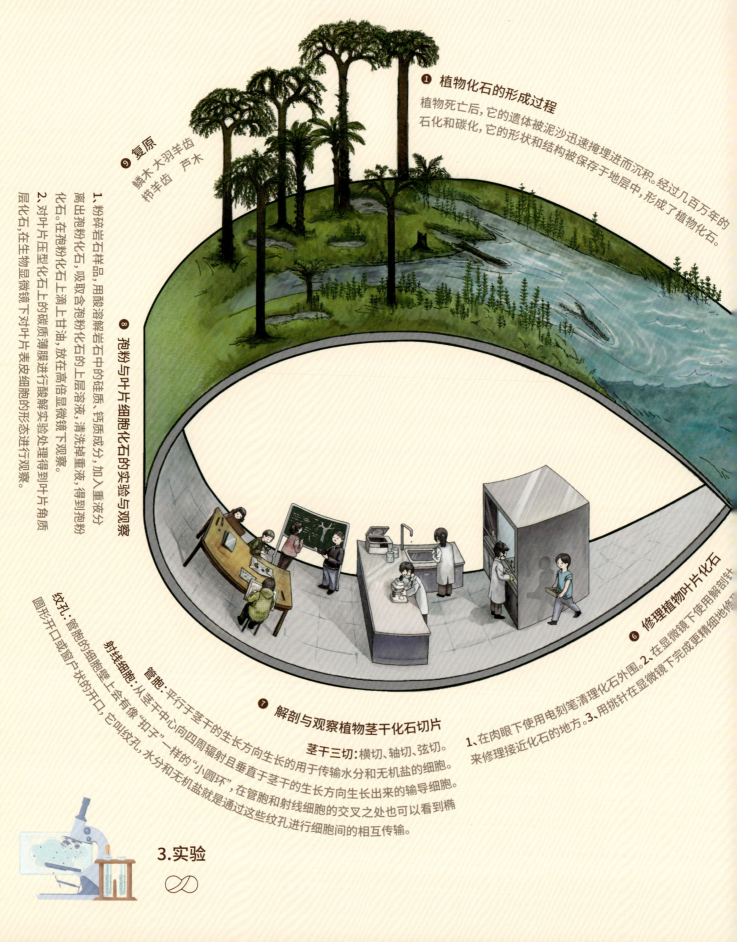

❶ 植物化石的形成过程

植物死亡后,它的遗体被泥沙迅速掩埋进而沉积。经过几百万年的石化和碳化,它的形状和结构被保存于地层中,形成了植物化石。

❺ 原复原的齿木鳞木节羊齿大羽羊齿芦

❽ 孢粉与叶片细胞化石的实验与观察

1、粉碎岩石样品,用酸溶解岩石中的硅质、钙质成分,加入重液分离出孢粉化石,吸取含孢粉化石的上层溶液,清洗掉重液,得到孢粉化石。在孢粉化石上滴上甘油,放在高倍显微镜下观察。
2、对叶片压型化石上的碳质薄膜进行酸解实验处理得到叶片角质层化石,在生物显微镜下对叶片表皮细胞的形态进行观察。

❻ 修理植物叶片化石

1、在肉眼下使用电刻笔清理化石外围。2、在显微镜下使用解剖针来修理接近化石的地方。3、用挑针在显微镜下完成更精细地修下。

❼ 解剖与观察植物茎干化石切片

茎干三切:横切、轴切、弦切。

管胞:平行于茎干的生长方向生长且垂直于茎干中心向四周辐射的用于传输水分和无机盐的细胞。

射线细胞:从茎干中心向四周辐射且垂直于茎干的生长方向生长出来的输导细胞。

纹孔:管胞的细胞壁上会有像"扣子"一样的"小圆环",它叫纹孔,水分和无机盐就是通过这些纹孔进行细胞间的相互传输。在管胞和射线细胞的交叉之处也可以看到椭圆形开口或窗户状的开口。

3.实验

2. 野外工作

❺ 野外采集工作内容

1.踏勘：实地勘查含有植物化石的地层。2.实测剖面：对勘定的含有植物化石的地层剖面进行测量。3.开大块：从岩层中分离出大块含有植物化石的岩块。4.敲化石：将含植物化石部分的岩块从大块岩块中分离出来。5.拍照、包化石：对易损坏化石进行拍照记录，并包裹化石保证化石在运输中不会破损。6.野簿记录：使用野簿对采集植物化石全过程进行详细工作记录。

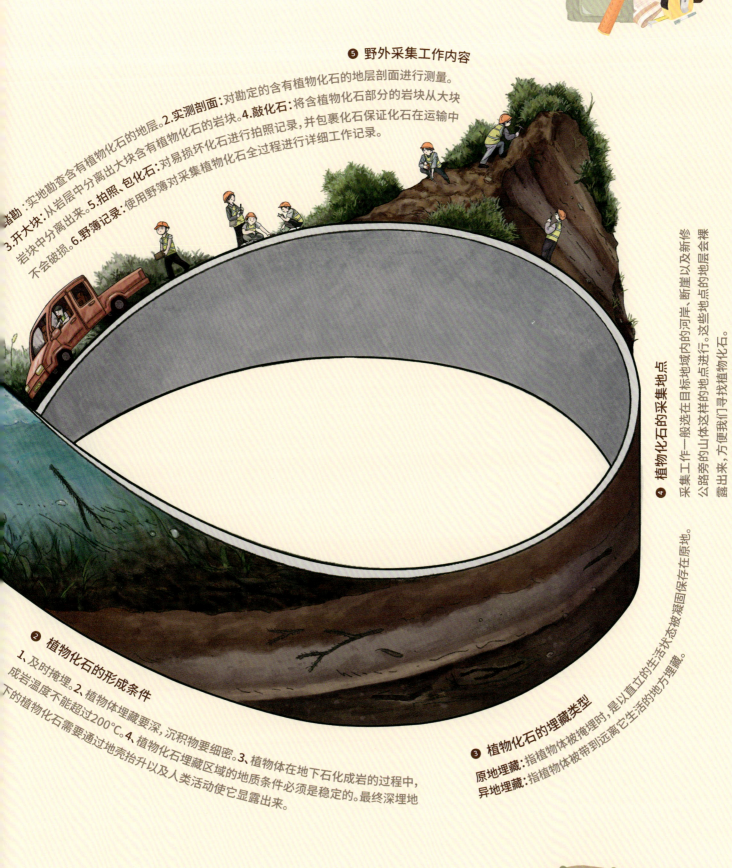

❹ 植物化石的采集地点

采集工作一般选在目标地域内的河岸、断崖以及新修公路旁的山体这样的地点进行。这些地点的地层会裸露出来，方便我们寻找植物化石。

❸ 植物化石的埋藏类型

原地埋藏：指植物体被掩埋时，是以直立的生活状态被凝固保存在原地。
异地埋藏：指植物体被带到远离它生活的地方埋藏。

❷ 植物化石的形成条件

1、及时掩埋。2、植物体埋藏要深，沉积物要细密。3、植物体在地下石化成岩的过程中，成岩温度不能超过200℃。4、植物化石埋藏区域的地质条件必须是稳定的。最终深埋地下的植物化石需要通过地壳抬升以及人类活动使它显露出来。

1. 认识

鳞木

等二歧分叉　鳞木孢子囊穗　鳞木叶座　鳞木茎干横剖面　鳞木的根

芦木地下茎
芦木孢子囊穗
轮叶长在芦木茎干的节上　芦木茎干　轮叶叶脉

芦木

目录

认识 — 2
地质背景 — 4
植物化石的形成与特点 — 10
植物化石的埋藏 — 18

野外工作 — 24
寻找植物化石的采集地点 — 26
植物化石的采集 — 30
野外的生活 — 42

实验 — 46
植物化石的整理 — 48
植物化石的研究 — 52

复原 — 66
开启古植物复原 — 68
再见古植物 — 74

古植物王国 — 94
古植物群落 — 96
生物大灭绝事件 — 104

注释 — 107

认识

认识

初春的云贵高原

二叠纪

在我国西南地区的崇山峻岭中隐藏着2.5亿年前消失的一个古植物王国。

地质背景

三叠纪

二叠纪　三叠纪

眼前这座大山清晰地显示出两个不同时代（二叠纪、三叠纪）的地层，左侧的地层是灰黄色和灰绿色的，右侧的地层是深紫色和深红色的。

认识

地层与化石

这片群山的地层中保存着这个古植物王国曾经存在的证据——古植物化石。

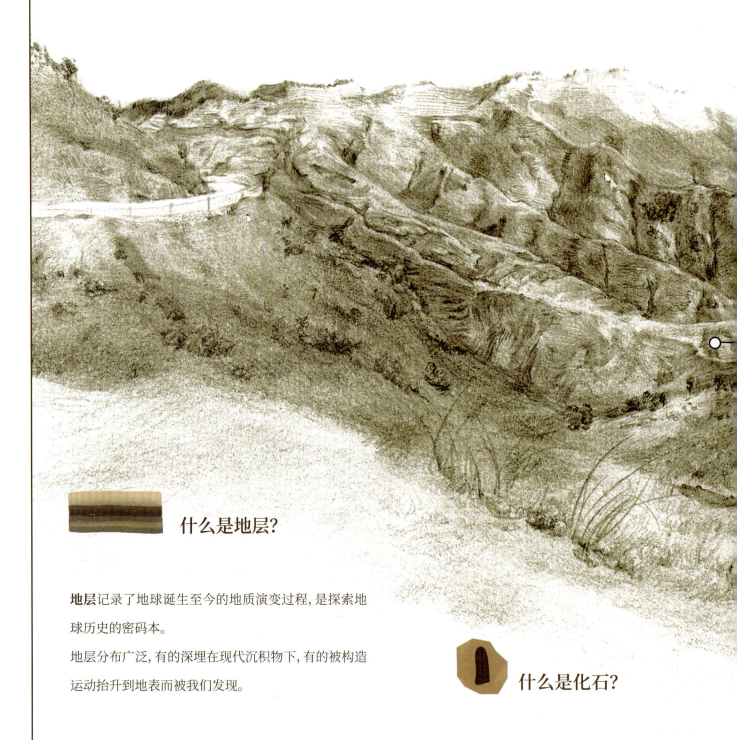

什么是地层?

地层记录了地球诞生至今的地质演变过程,是探索地球历史的密码本。

地层分布广泛,有的深埋在现代沉积物下,有的被构造运动抬升到地表而被我们发现。

每一层的地层有不同的颜色和构造。

每一层的地层有不同的厚度,有的很薄,厚度只有几毫米,有的很厚,单层厚度可达几米。

每一层的地层含有的矿物与化石可能有明显的差别。

什么是化石?

化石是保存在地层中的古生物遗体、遗物和遗迹。

它是探索地球历史的密码。

它记录了生命演化的秘密。

通过化石可以卡定地层形成的年代。

地质背景

这一列列经过地质构造运动后,看起来像线条一样的接近竖直成层的岩石组合就是裸露出来的地层。
地层

地层是如何形成的?

地表岩石经过风化形成松散的颗粒(如泥、沙等),经过风、水、生物等媒介搬运,混合当时环境中的其他物质(包括古生物),在适宜的条件下(如安静的水体)发生沉淀、堆积,历经数百万年的不断沉积,在地下深处逐渐变成一层层重叠着的坚硬的岩石(即岩层),而代表一定地质年代的岩层就是地层。

风化、搬运、沉积、成岩

认识

地层年代新老关系判断法则

我们可以依据地层中的化石组合或者岩层之间的相互关系来确定不同地层或岩层间的新老顺序。

判断地层年代新老关系的三个法则：

地层叠覆律：
通常来讲上层地层比下层地层形成时间晚，所以上层地层比下层地层在地质年代上要新，专业上称为地层叠覆律。

化石层序律：
根据达尔文进化论，生命演化是由简单到复杂、由低等到高等且不可逆的。因此，地层越老，所含化石越简单、越低等；地层越新，所含化石越复杂、越高等。且同一时代的地层化石组合基本一致，而不同时代的地层所含化石必定不同。

地层切割律：
有一种情况会改变这种判断方法：
当沉积岩①地层遭受了地下岩浆的上涌入侵，原有的地层就会被切割，因此在这种情况下，由地下岩浆形成的侵入岩会比被切割的原有地层的年代要新。

地层倒转现象

＊我们要注意：
地质构造运动也会让地层层序出现倒转的现象，需要在野外工作中仔细辨别。地层如果发生了倒转，则复杂、高等的化石会在简单、低等的化石下方地层出现。这时化石的新老秩序可以作为判断地层顺序有没有倒转的关键证据。

地质背景

8

认识

植物化石形成的过程

我们再来了解一下植物化石是怎样形成的以及有利于植物化石形成的环境。

植物化石是怎样形成的？

植物死亡后，它的遗体被泥沙迅速掩埋进而沉积，经过几百万年的石化和碳化，它的形状和结构被保存于地层中，形成了植物化石。
植物化石通过地层抬升露出地面。

① 活着的植物

② 植物的遗体被掩埋

* 科学家可以根据植物化石中保存的信息来复原上亿年前它活着的时候的样子、生活环境以及当时的地球环境，以此来研究植物物种演化的脉络。

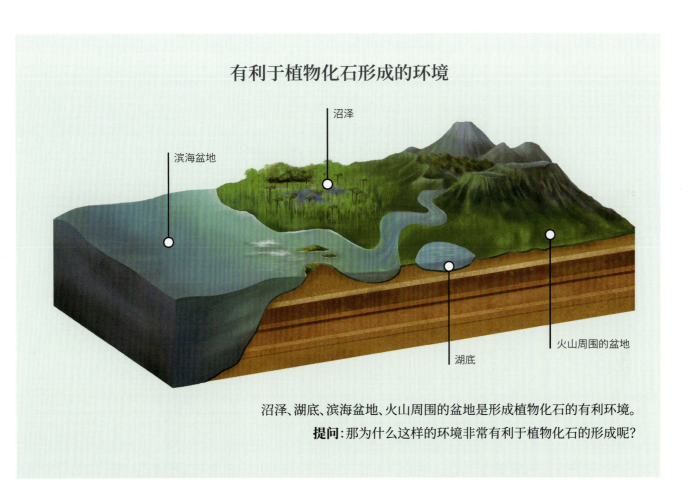

有利于植物化石形成的环境

沼泽、湖底、滨海盆地、火山周围的盆地是形成植物化石的有利环境。

提问：那为什么这样的环境非常有利于植物化石的形成呢？

❸ 被埋藏的植物体逐步石化及碳化，形成植物化石

❹ 地层抬升，植物化石露出地面

答案：这样的环境周围水分充足，土壤较肥沃，适合植物生长，且低地有利于植物体的迅速埋藏，宁静的水体、弱氧的条件、细颗粒的沉积物覆盖等环境因素也有利于植物化石保存。

植物化石是如何形成的

请根据植物化石形成的步骤，将对应的图片字母填入步骤框中。

第一步：活着的植物 B

第二步：植物的遗体被掩埋 ◯

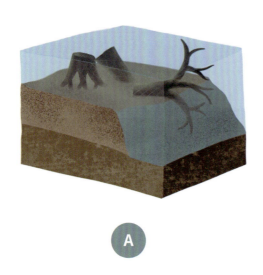
A

B

答案：第一步：活着的植物/B；第二步：植物的遗体被掩埋/A；

第三步：被埋藏的植物体逐步石化及碳化,形成植物化石

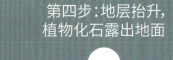

第四步：地层抬升,植物化石露出地面

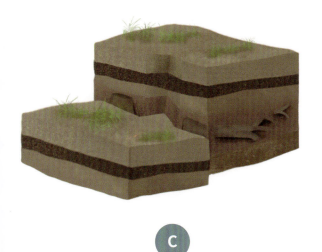

C

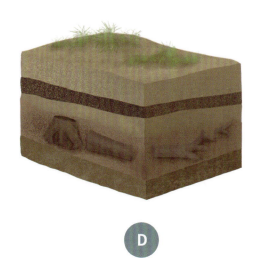

D

答案： 第一步：活着的植物/B；第二步：植物的遗体被掩埋/A；
第三步：被埋藏的植物体逐步石化及碳化,形成植物化石/D；第四步：地层抬升,植物化石露出地面/C

植物化石形成的条件

植物化石的形成对环境要求非常苛刻，下面我们来讲讲植物从死亡到形成化石所要经历的……

植物化石是远古时期死亡的植物体或其印痕经过漫长的地质年代掩埋、沉积、成岩形成的，最后通过地质运动抬升至地表。

植物化石最佳的形成环境是沼泽、湖底、滨海盆地、火山周围的盆地。还有突发的环境事件也有利于植物化石的形成，比如洪水期洪水突破天然河堤造成的突然掩埋等。

这些环境与事件反映出植物化石形成所需要的条件：

① **及时掩埋。**
当植物死亡后，流水带来的泥沙或风带来的其他沉积物比如火山灰，及时掩埋植物体。

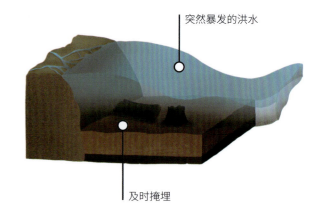

突然暴发的洪水

及时掩埋

弱氧环境下保存

② **植物体埋藏要深，沉积物要细密，比如沼泽里的软泥或泥炭就是非常有利于埋藏的沉积物。**
被埋藏的植物体需要隔绝空气与微生物，以保护植物体不被空气氧化和微生物分解。而随着不断增大的沉积压力，植物体被埋藏得越来越紧实，最终形成弱氧的适宜环境。

植物化石的形成与特点

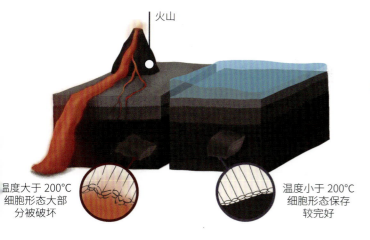

3　**植物体在地下石化成岩的过程中，成岩温度不能超过200℃。**

如果超过了200℃，大部分植物细胞形态会遭到破坏。(提示：纸张燃烧的着火点是183℃。)

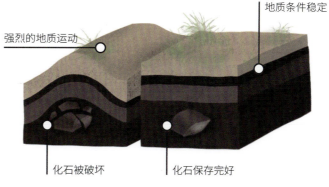

4　**植物化石埋藏区域的地质条件必须是稳定的。**

强烈的地质运动会破坏化石。

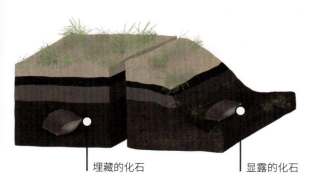

在前四个条件都具备的情况下，深埋地下的植物化石最终还需要通过地壳抬升以及人类活动比如开山、修路等使它显露出来。

植物化石与动物化石的比较

我们可以通过对比植物化石与动物化石的特征来进一步了解植物化石的特点。

从植物的组成成分来看：

植物细胞的细胞膜[1]有外层的细胞壁[2]保护，表皮细胞外侧还存在着角质层[3]，它们的化学成分结构十分稳定，较难被降解，容易保存。

植物体在搬运、沉积过程中易破碎而形成巨量的植物体碎屑，其绝大部分细胞的细胞壁结构都有机会被保存而形成化石，也就是我们通常所能见到的根茎、枝叶、果实的植物化石。

植物化石

植物化石的形成与特点

从动物的组成成分来看：

动物细胞只有细胞膜，且动物体的大部分组成成分为皮和肉的软体部分，
除了骨骼、牙齿等无机物④部分容易被保存为化石外，
其他绝大部分有机物⑤（如皮、肉等）部分会被降解为挥发性的无机物（水和二氧化碳），
所以完整的动物化石尤其是软体部分极难被保存。

最后几乎只有动物的骨骼部分被保存下来形成实体化石。

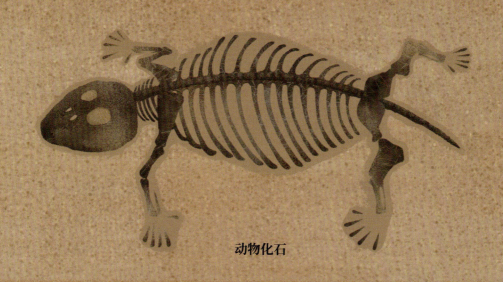

动物化石

植物化石的埋藏类型

植物化石有两种埋藏类型，一类是原地埋藏，另一类是异地埋藏。琢磨一下，从名称上看我们是不是已经有个基本判断了。是的，原地埋藏是指植物埋藏在它生活的地方，异地埋藏是指植物埋藏在远离它生活的地方。

火山灰

决口扇

沼泽

原地埋藏

原地埋藏是指植物体被掩埋时，是以直立的生活状态被凝固保存在原地。我们想想这种情况是怎么发生的。这通常需要很突然、快速地发生环境事件并及时地掩埋，比如陷入沼泽地的泥潭中被淤泥掩埋，被崩塌的天然河堤泄洪而产生的冲击泥沙掩埋，被火山爆发产生的火山灰掩埋等。

植物化石的埋藏

边滩

河流

牛轭湖①

三角洲

异地埋藏

异地埋藏是指植物体被带到远离它生活的地方埋藏。
植物的花粉、种子被风力以及动物搬运，更大质量的植物体比如茎干、枝叶被水流搬运到远方沉积埋藏。

入海口

认识

判断植物化石的埋藏类型

那我们如何判断在地层中发现的植物化石埋藏类型是原地埋藏还是异地埋藏呢？在实地发掘时，我们有如下发现。

原地埋藏：

1 完整性。

根据原地埋藏的发生机制，植物体是在生活状态下被瞬间凝固保存下来的。我们在挖掘植物化石时会发现原地埋藏的植物化石保存比较完整，大大小小的组织部分系统地保存下来的概率更大，甚至可以将它的初生幼芽保存下来。

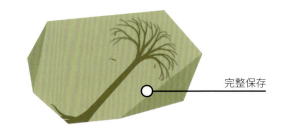

完整保存

平视的视角

2 直立保存。

我们发现原地埋藏的植物化石通常保持直立的生活姿态，这在化石的保存上反映为两种状态。

（1）从平视的视角看，植物的根座、茎干直立保存于岩层中，这是原地埋藏的重要特征。

（2）从俯视的视角看，植物的枝叶沿着岩石的层面呈现辐射状排列。它的茎干垂直于岩层，保存为圆形的截面。这表明它是原地直立保存的。

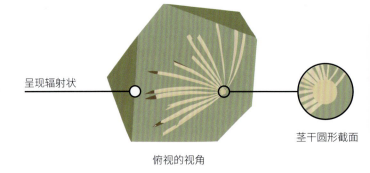

呈现辐射状

茎干圆形截面

俯视的视角

植物群落

3 同一区域植物化石种类多样。

在突发的环境事件中，被原地埋藏的不仅是单株植物体，更多的是植物群落。植物群落被原地埋藏意味着同一区域保存的植物化石种类多样。

异地埋藏：

1 同一植物体不同质量的组织部分分散保存。

植物的异地埋藏相较原地埋藏，其发生条件更为平常，植物体在风力、水力的强度以及植物体各组织部分自身质量等因素影响下，在不同位置沉积埋藏。在一次河流搬运过程中，植物体较重的部分如茎干会沉积在河床的中央，而植物体较轻的部分如叶片被水流推到岸边沉积埋藏。

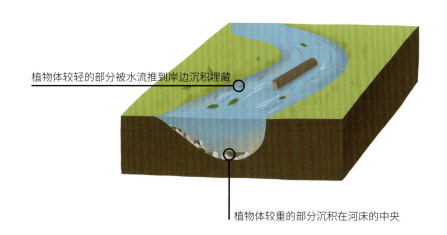

植物体较轻的部分被水流推到岸边沉积埋藏

植物体较重的部分沉积在河床的中央

相对密度相近的碎裂叶片、叶柄、种子集中保存

2 不同植物体相对密度相近的组织部分集中保存。

不知道大家在水边的沙滩上有没有观察到这种现象：沙滩上常常有一条条水波留下的痕迹，在这些痕迹上堆积着种子、贝壳之类的碎片。其实这种现象也是物理因素造成的，比如沿湖岸的水流波动会将相对密度相近的叶柄、种子等植物体相对集中保存在一起。

* 异地埋藏状态的植物化石在化石形成过程中经历的磨损、碎裂等外部因素的破坏，比原地埋藏状态的植物化石要大，因此原地埋藏的植物化石相对异地埋藏的植物化石信息保留得更具体、更完整，更显珍贵。

寻找植物化石埋藏类型路线图

试一试从原地埋藏或异地埋藏起点出发,沿着线路通过插有同色彩旗的所有地点到达它的终点!将书向右边旋转一下吧!

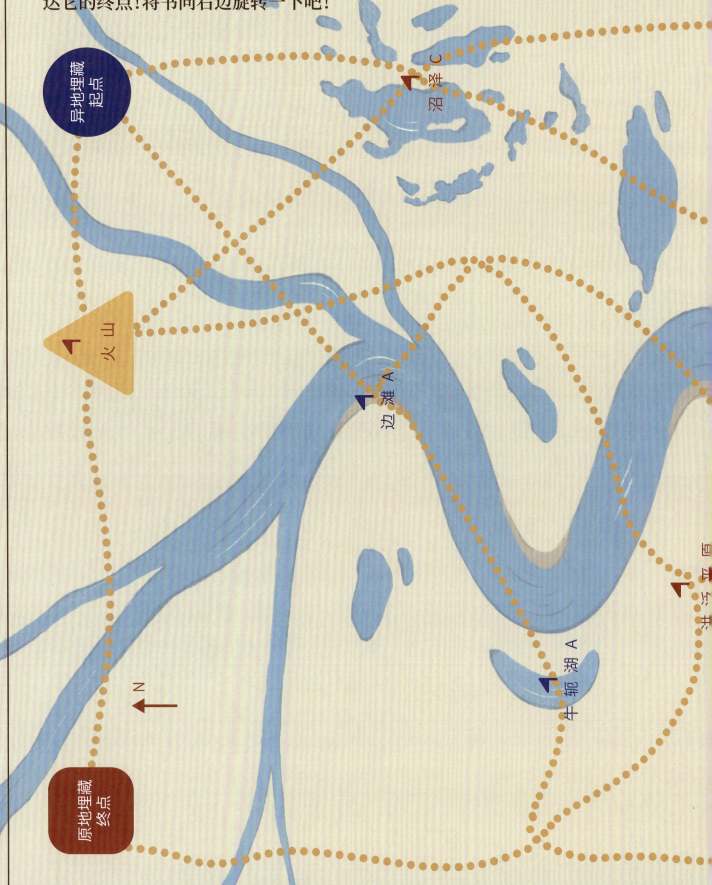

野外工作

野外工作

地质图 & 地质年代表

在了解了地层与植物化石的基础知识之后，我们要准备出发去寻找 2.5 亿年前的古植物王国了。

地质图将指引我们前往那个 2.5 亿年前古植物王国的埋藏地点。

在地质图里，不同颜色区域代表着不同地质年代的地层。

我们要寻找的古植物王国在地质年代上属于晚二叠世到早三叠世这一段时期，距今259.1百万年～247.2百万年(Ma)。

* 地质年代表以宙、代、纪、世为时序单位对地球历史进行地质年代划代。根据地质年代表我们可以对地球漫长的地质年代建立起一个时间框架。

冥古宙	太古宙	元古宙						早二叠世
			寒武纪	奥陶纪	志留纪	泥盆纪	石炭纪	
							古生代	

地质图

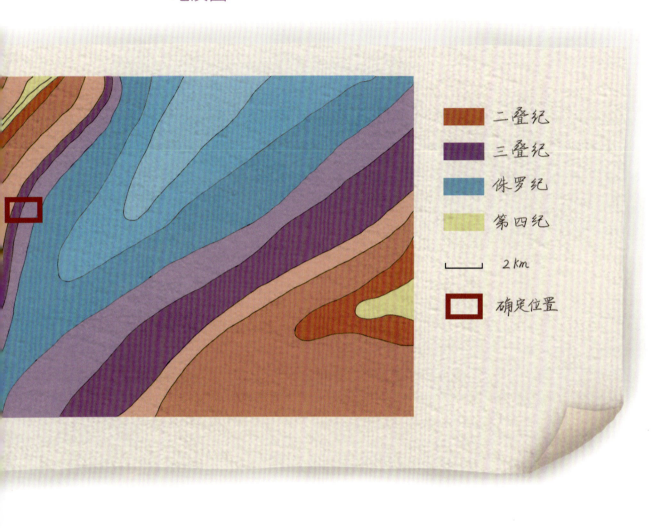

地质年代表

● 晚二叠世到早三叠世距今259.1百万年～247.2百万年（Ma）

野外工作

采集地点

我们根据地质图上标注的确定位置找到了目标地,采集工作一般选在目标地域内的河岸、断崖以及新修公路旁的山体这样的地点进行。

提问: 为什么这些地方是采集地点呢?

新修公路旁的山体

*这些采集地点地质条件一般比较复杂,需要特别注意人身安全,关注天气的变化。特别是在雨天,要预先判断以便避开可能发生塌方、落石、滑坡、泥石流和洪涝等地质灾害的地点和危险环境。

寻找植物化石的采集地点

断崖

河岸 ▶

答案：因为在这些地点的地层会裸露出来，方便我们寻找植物化石。

28

采集工具

采集植物化石需要使用各种野外地质工具,有罗盘、地质锤、放大镜、十字镐、野外记录簿……甚至还需要使用钢钎和保鲜膜。

地质锤　　　　　罗盘

钢钎　　　　　十字镐

照相机　　　　　卫生纸

植物化石的采集

放大镜

卷尺

地质包

记号笔

野外记录簿

保鲜膜

报 纸

植物化石的采集

用罗盘测量

观察化石细微结构

岩石取样

测量地层厚度

敲化石

采集工作内容

具体来讲，在野外采集植物化石有六个工作步骤：

① 踏勘。

踏勘：实地勘查含有植物化石的地层。

首先，通过**罗盘**测量地层的走向、倾向和倾角①，判断潜在化石层的空间分布，确定地层的新老关系。

接着，需要用**地质锤**凿取地层的岩石样品，再顺层劈开，判断岩石岩性类别。

最后，使用**放大镜**寻找被劈开的岩石中微小的化石体，确定微小化石的类型，第一时间观察植物化石的细微结构。

② 实测剖面。

实测剖面：对勘定的含有植物化石的地层剖面进行测量。

首先，根据岩层岩性特征或者沉积特征，使用**放大镜**和**地质锤**等工具进行地层分层。

接着，从露头②剖面的最底部到顶部，用**记号笔**标注分层编号和分层界线。

最后，用**卷尺**测量地层的厚度，用**罗盘**测量地层的倾向和倾角。

测量后将所有数据记录到**野外记录簿**上。

③ 开大块。

开大块：从岩层中分离出大块含有植物化石的岩块。

首先，用**十字镐**清理岩石上的浮土以及破碎的小岩块以便更好地开大块。

接着，将**钢钎**插入岩石间隙，利用杠杆原理将岩石凿开，这样操作起来会更加轻松。

最后，用**地质锤**敲击钢钎，配合钢钎一起使用，这样会更加省力。

④ 敲化石。

敲化石：将含植物化石部分的岩块从大块岩块中分离出来。

顺着岩石层面，在大块岩块的受力薄弱处用**地质锤**平头端将岩石劈成小薄片。

用**放大镜**对化石表面进行微细结构观察，若有碳质薄膜③，则需要单独保存。

⑤ 拍照、包化石。

拍照：对易损坏的化石进行拍照记录。

包化石的目的是保证化石在运输中不会破损。

先用**卫生纸**将开采的化石均匀包裹缠绕，再用**报纸**包裹一圈，做到无遗漏地将化石完全包裹。

对部分保存了碳质薄膜的植物化石需要先用**保鲜膜**包裹处理，再如同上述步骤用卫生纸、报纸进行包裹。

⑥ 野簿记录。

野簿记录：使用野外记录簿对采集植物化石全过程进行详细的工作记录。

首先，要记录剖面名称、开采日期、地点、任务、路线、人员、地理位置。

其次，要用铅笔记录实测剖面的岩性描述、地层的柱状图、厚度、产状（倾向与倾角）。

最后，需要记录采样的层位以及采集的化石所属的大类。

实测剖面记录

这是我们实地测量剖面过程中绘制的剖面柱状图。

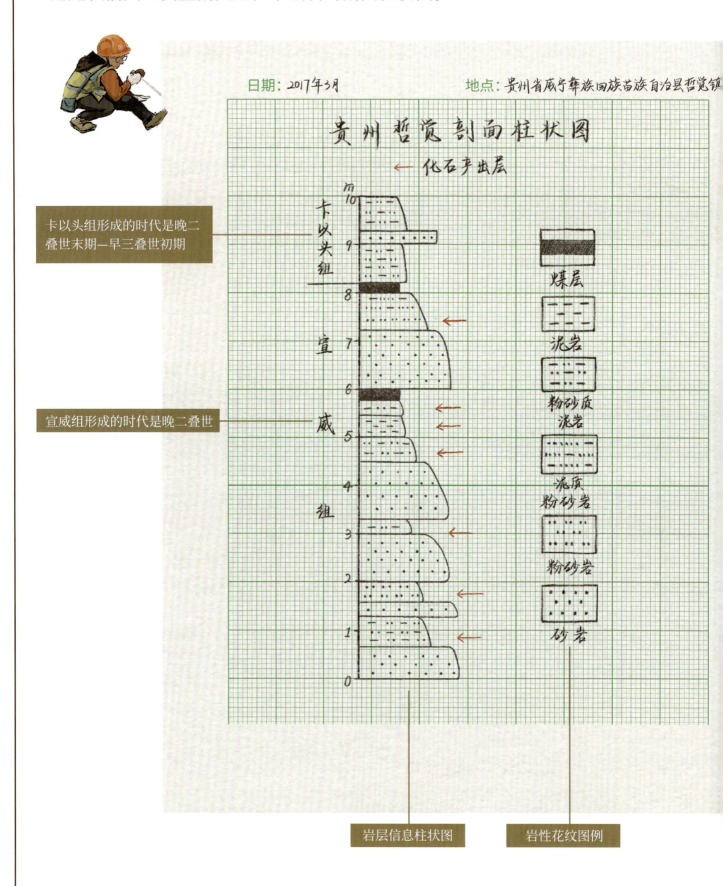

日期：2017年3月　　　地点：贵州省威宁彝族回族苗族自治县哲觉镇

卡以头组：下部为黄绿色－土黄色粉砂质泥岩－泥质粉砂岩，夹有灰黄色薄层状细粒长石砂岩，厚约1.8m，含植物化石，未到顶。

———— 整合 ————

宣威组：上部为多套灰黄色细粒长石砂岩、土黄色粉砂岩、灰绿色粉砂质泥岩－泥质粉砂岩组成的旋回为特征，其中夹有多层煤层或煤线，厚约8.2m，含大量植物化石：大羽羊齿类植物、栉羊齿、鳞木、轮叶、瓣轮叶等，未见底。

> 岩层特征描述、测量数据记录及化石层位记录

野外工作

采集工作顺序与工具使用

根据植物化石采集工作内容,用线连接对应的工作步骤、工作名称、工作状态和每项工作所需使用的工具吧!

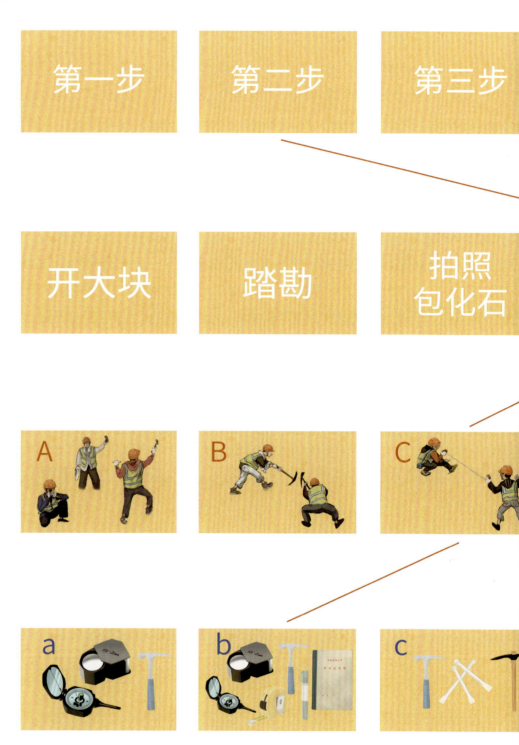

37

植物化石的采集

第四步	第五步	第六步
实测剖面	敲化石	野簿记录

答案：
第一步／踏勘／图A／图a；第二步／实测剖面／图C／图b；
第三步／开大块／图B／图c；第四步／敲化石／图D／图e；
第五步／拍照、包化石／图E／图f；第六步／野簿记录／图F／图d。

野外工作

采集工作的注意事项

采集植物化石时我们要注意：

① **在采集时应尽量先取下含化石的大岩块。** 再沿层面层层剥开寻找植物化石，这样可以在最初保留寻找完整化石的最大可能性。

先取含有化石的大岩块

② **记录产出植物化石所在的岩层岩性和详细层位，统计每一类化石的标本块数。** 这将是接下来研究化石的重要依据。

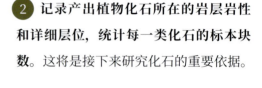
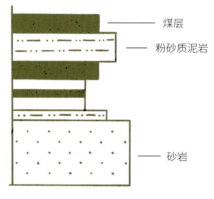

记录岩性与层位

营养器官与生殖器官
着生于一体的植物化石

③ **注意收集营养器官（枝、叶）与生殖器官（球果、孢子囊穗、花、种子等）着生于一体的植物化石。** 这样的化石能展现出植物体不同器官之间的具体关系，这是研究古植物时的关键信息。

④ **对于蕨形叶化石要尽量采集能反映其最大分裂次数的羽片化石。** 这样可以反映出完整的蕨形叶生长信息，使研究依据更完善。

多次分裂的蕨形叶羽片

5. 对易碎或已裂开的较完整化石，要先就地拍照记录，再小心地分块取下标本并按原位拼接，用胶水或石膏粘好固定再包装。

拼接粘牢

标记

6. 对于重要且稀少或者形体很小的化石，要用记号笔圈出标记。

此外，对于化石正副模标本（两面都有化石的标本）也要标记正副符号。

7. 要用小盒包装小的化石，并与硬质大块岩石分开装箱。

小盒包装

* 我们要注意，采集的化石如果是潮湿的，需要晾干再包裹，不能用卫生纸直接包裹，因为这样卫生纸会粘在化石上。

野外工作的额外收获

我们经常到祖国各地去开展这样的野外工作,虽然很辛苦但在旅途中我们也拥有了很多美好的体验!

在新疆,我们骑马趟过天山脚下清冽的河水。

在旅途中我们遇到好客的哈萨克族牧民,虽然在语言上交流困难,但能感受到扑面而来的热情。

在云贵高原,我们经过像镜子一样的梯田,看见古朴的农耕场景。

野外的生活

在山西,我们路过清代的戏台,好像穿越了时空。

当我们沿着小溪前行时,我们发现小动物的足迹,朱鹮在身旁飞舞。

我们在水库旁的自行车道上畅快地骑行,赶往目的地。

42

野外工作

最开心的事

在野外工作中让我们最开心的事是采集到难得的植物化石。

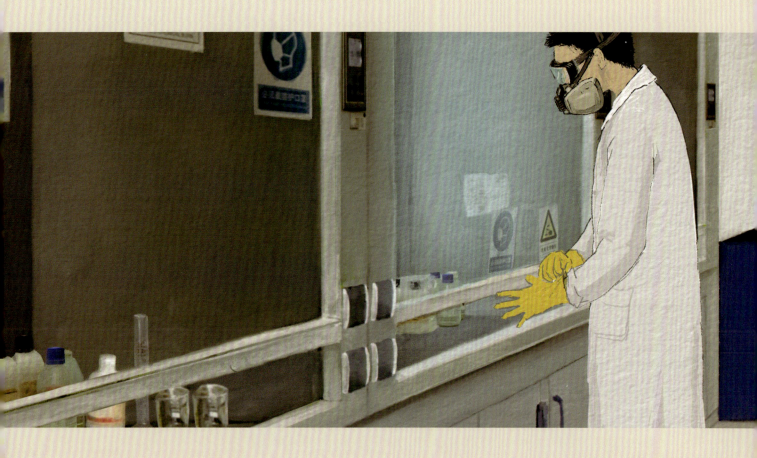

实验

标本存放与标注

一个月后，我们回到了实验室。这是我们辛苦找到的古植物化石，有没有感觉到2.5亿年前古植物王国的气息！

我们要给每一块植物化石标注它的信息：采集的时间、地点、类型、尺寸等等。

植物化石的整理

实验

拍照记录

我们要对此次野外采集到的各类植物化石进行拍照记录。

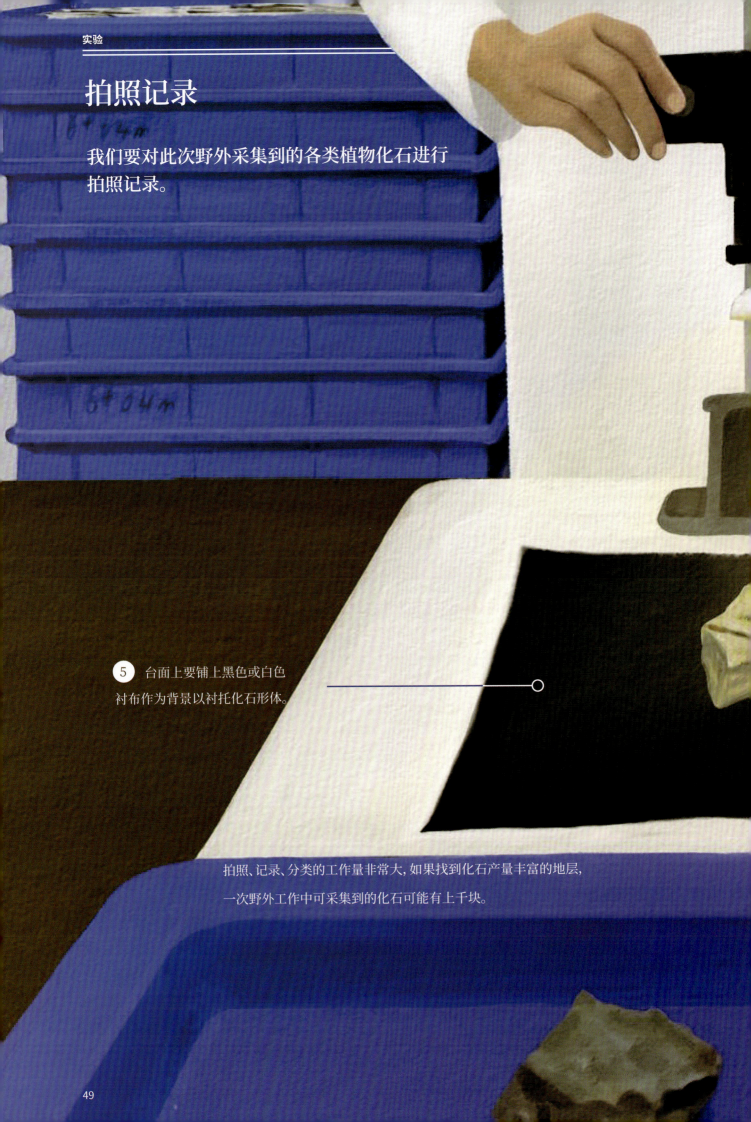

⑤ 台面上要铺上黑色或白色衬布作为背景以衬托化石形体。

拍照、记录、分类的工作量非常大,如果找到化石产量丰富的地层,一次野外工作中可采集到的化石可能有上千块。

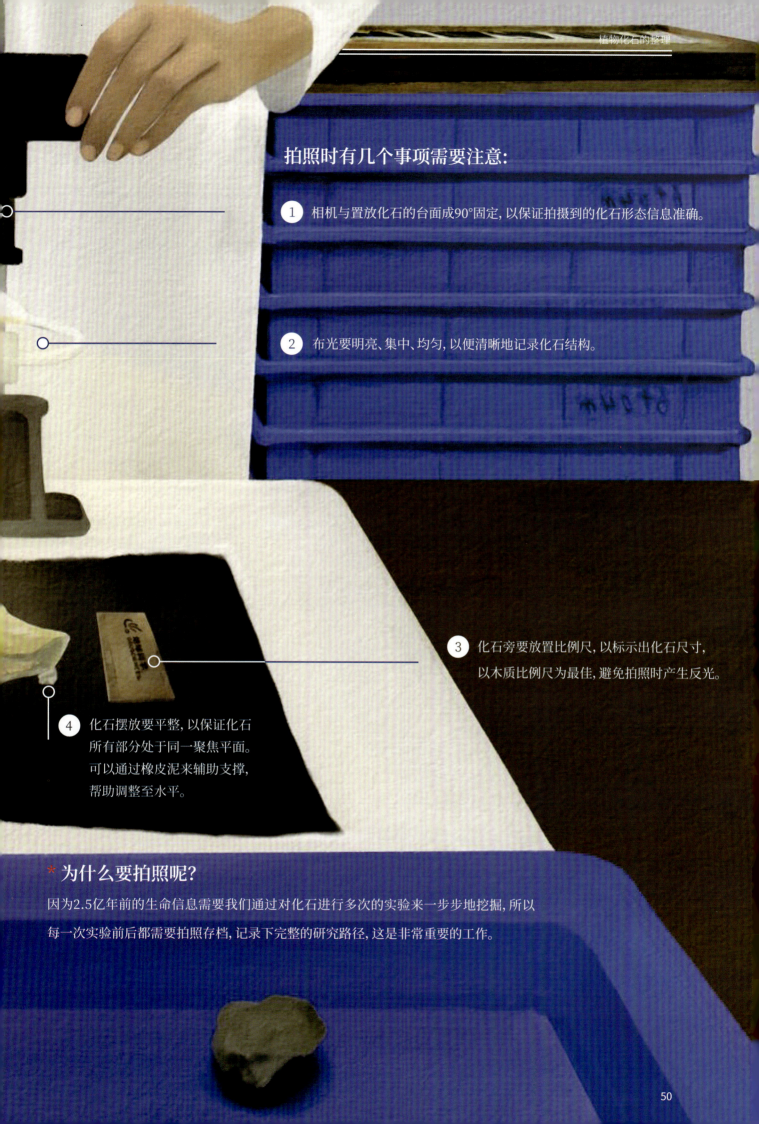

植物化石的整理

拍照时有几个事项需要注意：

1. 相机与置放化石的台面成90°固定，以保证拍摄到的化石形态信息准确。

2. 布光要明亮、集中、均匀，以便清晰地记录化石结构。

3. 化石旁要放置比例尺，以标示出化石尺寸，以木质比例尺为最佳，避免拍照时产生反光。

4. 化石摆放要平整，以保证化石所有部分处于同一聚焦平面。可以通过橡皮泥来辅助支撑，帮助调整至水平。

*为什么要拍照呢？

因为2.5亿年前的生命信息需要我们通过对化石进行多次的实验来一步步地挖掘，所以每一次实验前后都需要拍照存档，记录下完整的研究路径，这是非常重要的工作。

实验

我们的实验室

这是我们的实验室,接下来我们会通过实验一步步来挖掘出植物化石上的信息。

酸解孢粉化石
▼

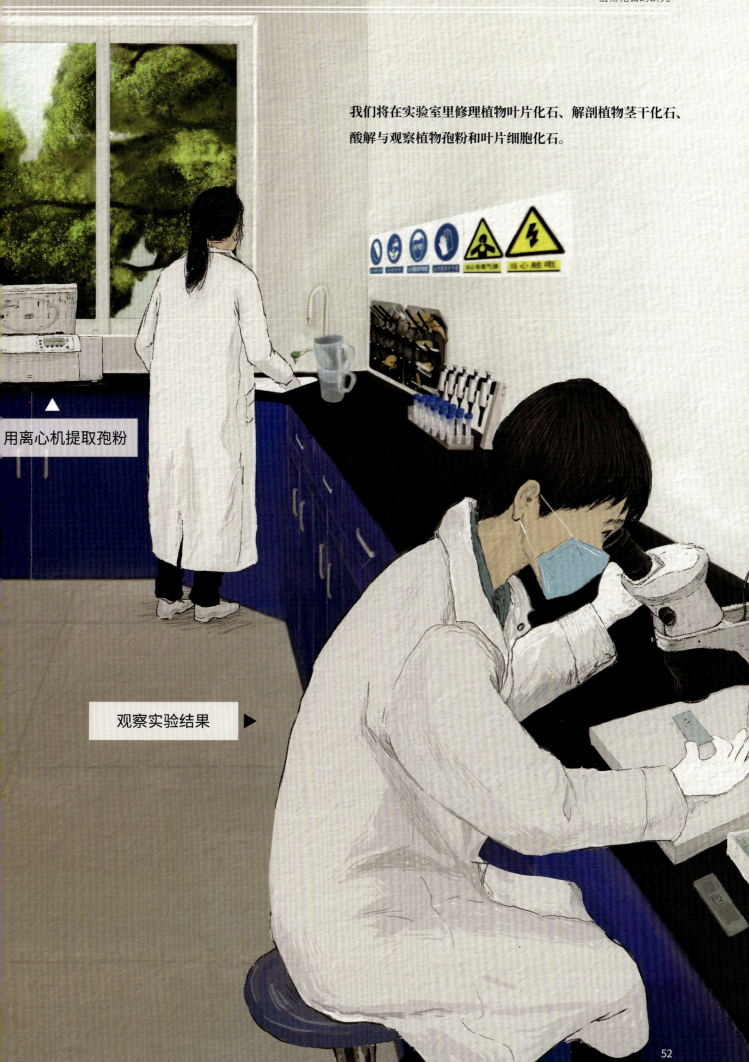

植物化石的研究

我们将在实验室里修理植物叶片化石、解剖植物茎干化石、酸解与观察植物孢粉和叶片细胞化石。

▲
用离心机提取孢粉

观察实验结果 ▶

実验

植物化石的保存类型

我们从采集到的植物化石形态可以发现植物化石的保存类型主要分为两类：压型化石与印痕化石。

压型化石

压型化石是植物体本身的碳基成分①以压扁的状态全部被保存下来的化石。这样的化石的细胞组织结构保存较为完整，化石外轮廓比较清晰。

外轮廓清晰

压型化石

细节形状的印痕清晰

印痕化石

印痕化石

印痕化石保留着植物体印在沉积物表面的印痕。这类化石上可能残留一些碳质成分，也可能仅保留下植物体的形态。它的特点是形态痕迹石化后不易被磨损，在肉眼观察时化石形态比较清晰。

提问：在了解了压型化石和印痕化石的基本特征之后，你认为哪种类型化石更稀少？

植物化石的研究

答案： 植物的实体被消解后才会留下印痕，所以压型化石相对印痕化石更稀少。所以压型化石保存的是植物碳化实体，有实体对象的研究才是真实而具体的，所以压型化石更为重要。

这里展示了我们收集到的一部分压型化石和印痕化石。

猫眼鳞木
印痕化石

轮叶
压型化石

脐根座
印痕化石

阔叶大羽羊齿
印痕化石

东方栉羊齿
压型化石

实验

修理植物叶片化石

植物化石保存在岩层中，所以采集回来的植物化石一般会有岩石矿物覆盖在化石的表面，需要经过处理才能得到化石完整的形态。修理植物叶片化石是一项精细的工作。我们对这些千辛万苦找到的宝贵线索一定要很珍惜。

下图中采集回来的植物羽片化石是压型化石。你看它左侧的羽片被岩石覆盖了，我们需要在显微镜下小心地把覆盖在上面的岩石清理掉，让羽片完全露出来。在清理过程中特别需要注意的是一旦破坏了压型化石的碳质薄膜，这个化石标本就损坏了。

修理前被岩石覆盖的羽片化石

显微镜下被岩石覆盖的羽片化石细节

具体工作方法：

① 先在肉眼下使用电刻笔清理化石外围。

② 越接近化石的地方处理起来越需要小心，工具的选择也会越来越精巧，这一步需要在显微镜下使用解剖针来修理。

* 这时我们头脑中可能会有疑问，比如：这片羽片化石的右侧是没有被覆盖的，那么是否可以根据右侧的羽片结构基本推理出左侧的羽片结构呢？我们在进行科学实证研究时，一切研究的可靠性都建立在实际证据基础上，在人力可以实现的情况下，一定要找到明确的证据，才能建立证据链，形成确切的研究成果。

植物化石的研究

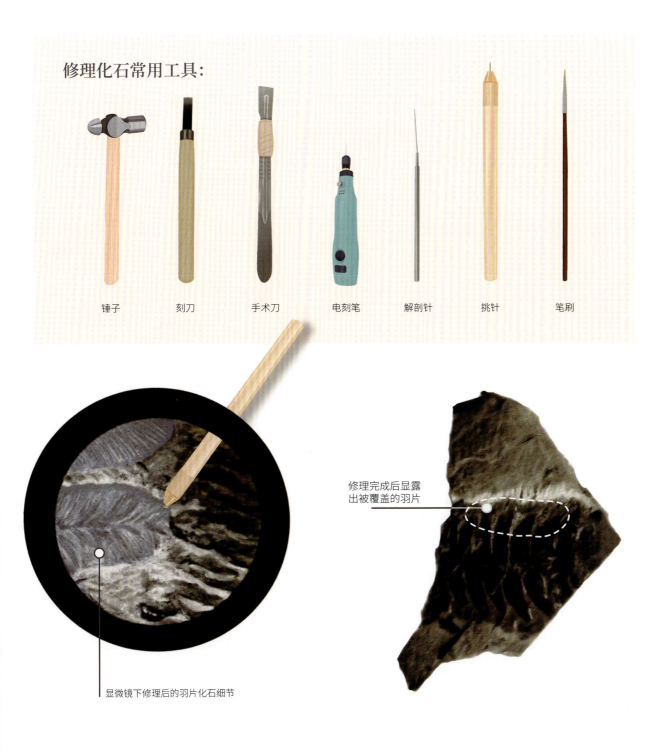

修理化石常用工具：

锤子　刻刀　手术刀　电刻笔　解剖针　挑针　笔刷

显微镜下修理后的羽片化石细节

修理完成后显露出被覆盖的羽片

③ 更精细的修理需要在显微镜下用到比如牙医医治蛀牙的工具——挑针来完成。

④ 羽片完全露出来了。

一切研究的可靠性都建立在实际证据基础上，这次未找到的证据只能待下次再寻找，直到发现为止。现在证据链上的空白也就是我们未来寻找的方向。

解剖植物茎干化石

为了认识植物茎干的内部细胞结构，我们需要对植物茎干化石的内部切片取样研究，因此，首先需要解剖植物茎干化石，在这里我们以解剖木化石①为例来进行讲解。

"茎干三切"

对茎干化石的解剖我们通常称为"茎干三切"：**横切、轴切、弦切。**

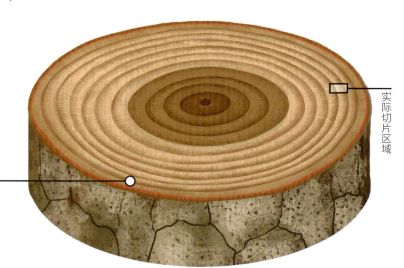

▶ 横切
垂直于茎干的生长方向将茎干完全剖开

实际切片区域

▼ 轴切
平行于茎干的生长方向经过茎干中心点将茎干完全剖开

实际切片区域

实际切片区域

制作茎干化石切片的过程：

切片

① 通过"茎干三切"得到薄片状的三个小长方体切片。

磨片

② 将切片打磨至透明，大约厚0.03mm。

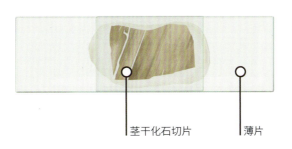

茎干化石切片　　薄片

③ 这是制作完成的茎干化石切片，方便我们在显微镜下观察。

▼ 弦切　平行于茎干的生长方向但不经过茎干中心点将茎干剖开

实验

观察植物茎干化石切片

我们通过观察木化石切片来认识一下它的内部输导组织的细胞结构。

年轮是如何形成的？

在显微镜下观察木化石横切面的细胞组织结构时，我们肉眼见到的每一圈年轮都是由紧密排列的一个个近圆形或椭圆形的细胞组成的。

按细胞大小可明显分为两个群：

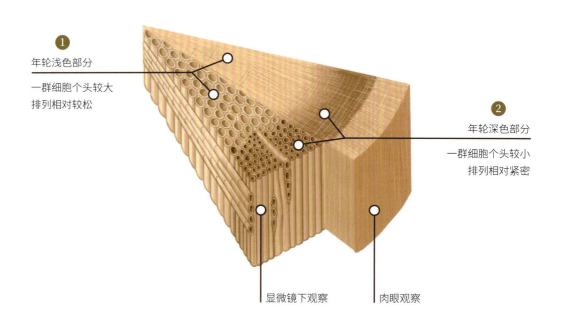

❶ 年轮浅色部分
一群细胞个头较大
排列相对较松

❷ 年轮深色部分
一群细胞个头较小
排列相对紧密

显微镜下观察　肉眼观察

▲

为什么会形成这样的结构呢？

这是因为个头小的那群细胞是在较为寒冷的秋冬季节长出来的，由于秋冬季节温度较低，日照时间短，降水少，因而长得不好。而另一群个头大的细胞则是在温暖湿润的春夏季节长出来的，春夏季节温度升高，日照时间充足，降水充沛，营养和能量充足，当然细胞成长得就非常健康壮实。

所以，我们经常会在茎干横截面上看见一圈圈不断深→浅→深→浅循环变化的年轮。

纹孔

管胞与射线细胞都是用来传输水分和无机盐的。那么细胞间是如何相互传输的呢？

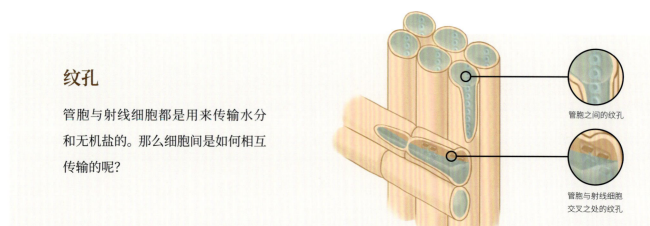

管胞之间的纹孔

管胞与射线细胞
交叉之处的纹孔

管胞细胞与射线细胞

我们从横切的切片中可以观察到大部分细胞为圆形细胞,这些俯视角度看到的圆形细胞是平行于茎干的生长方向生长的用于输导水分和无机盐的细胞,叫**管胞**。

你看圆形细胞之间偶尔会夹有长条状细胞,这种长条状细胞是从茎干中心向四周辐射且垂直于茎干的生长方向生长出来的输导细胞,叫**射线细胞**。

大家在观察时可以发现,从横切的化石切片上仅能得到茎干的一个二维平面信息,而茎干是三维立体的结构,因此还需要再观察它的轴切切片和弦切切片中的细胞结构状态,才能恢复出茎干内部输导细胞组织结构的全貌。

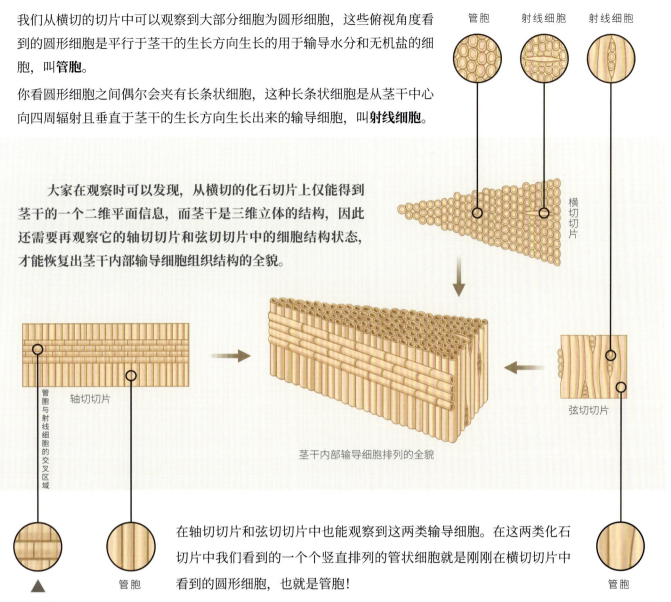

在轴切切片和弦切切片中也能观察到这两类输导细胞。在这两类化石切片中我们看到的一个个竖直排列的管状细胞就是刚刚在横切切片中看到的圆形细胞,也就是管胞!

交叉场

由于细胞是半透明状的,从轴切切片中仔细观察,这些管状细胞的有些区域像是被切割成了一个个紧密排列在一起的小方块,这些地方其实是管胞与射线细胞相交叉的位置,也是茎干垂向生长的细胞与横向生长的细胞进行物质交换的区域。

你看这些管胞的细胞壁上会有一排像"扣子"一样的"小圆环",在管胞与射线细胞的交叉之处也可以看到椭圆形开口或窗户状开口,它叫纹孔,水分和无机盐就是通过这些纹孔进行细胞间的相互传输。

纹孔的形状: 圆环状开口　 椭圆形开口　 窗户状开口

实验

酸解孢粉与叶片细胞化石

酸解孢粉与叶片细胞化石是在研究植物孢粉①和叶片细胞化石时需要进行的一项化学实验。

为了研究孢粉化石或叶片化石的细胞结构，需要进行酸处理来腐蚀掉化石中所含的硅和钙②，硅质成分使用氢氟酸腐蚀，钙质成分用盐酸腐蚀。

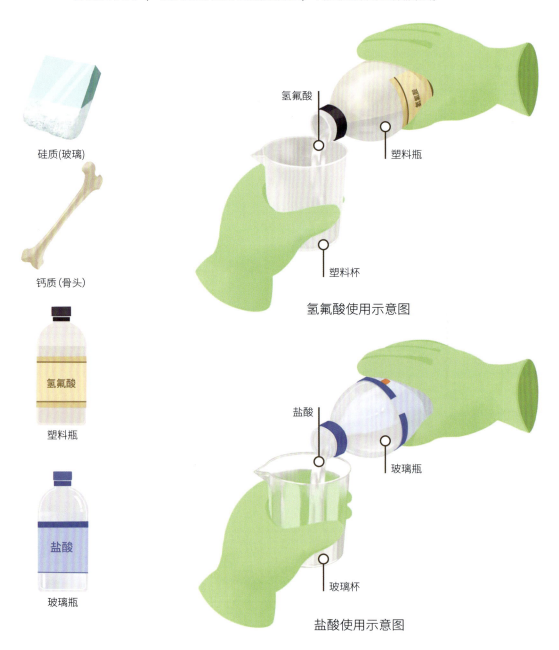

* 这里需要注意的是，不同的酸有不同的化学性质，实验时需要严格使用相应材质的实验器皿，如氢氟酸需要用塑料材质实验器皿密封承装，盐酸需要用玻璃材质实验器皿密封承装。

注意 酸液具有挥发性和强腐蚀性，对人体会造成严重伤害，所以在作酸处理时需要非常小心并全面防护，非专业人员不得使用！

酸解实验游戏测试

如果你认为下面的操作是**正确**的，就涂上"√"吧！

如果你认为下面的操作是**错误**的，就涂上"×"吧！

图1、3为腐蚀钙质成分示意图；图2、4为腐蚀硅质成分示意图。

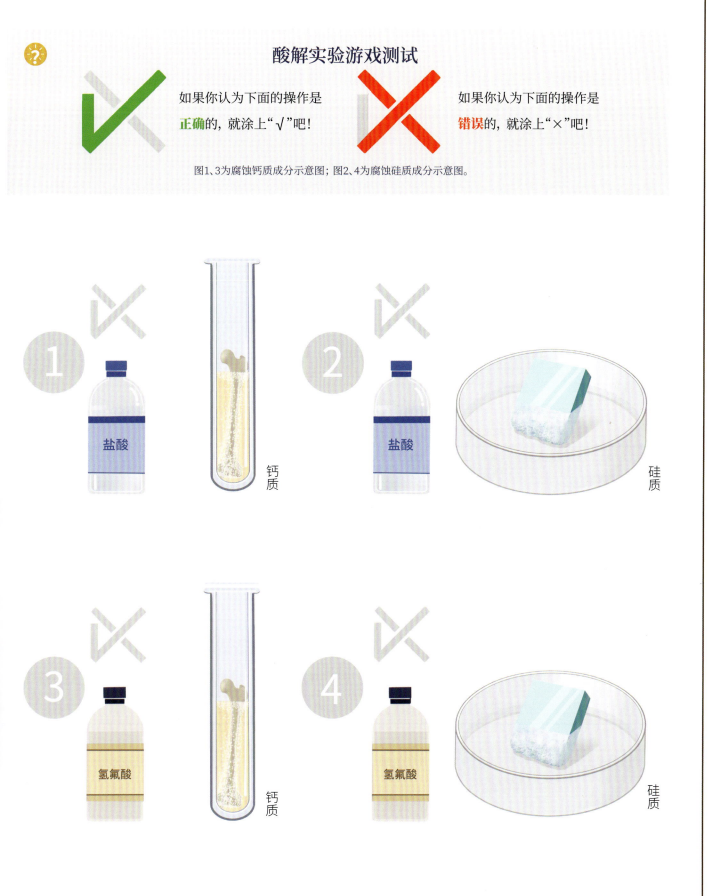

答案：操作正确的是图1和图4。

实验

孢粉与叶片细胞化石的实验与观察

对孢粉化石的实验,需要经历以下步骤:

① 粉碎岩石样品。　② 用酸溶解岩石中的硅质、钙质成分。

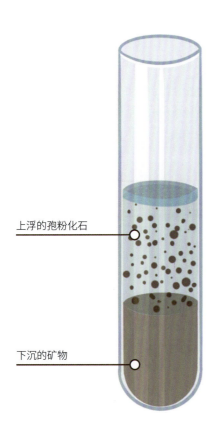

上浮的孢粉化石

下沉的矿物

③ 加入重液①,由于重液的密度大于孢粉化石的密度,小于岩石中矿物的密度,因而孢粉化石在重液中会漂浮到表层,而矿物会下沉到底部,这样就分离出孢粉化石了。我们通过离心作用②,加速这一分离过程,使得孢粉化石聚集。

④ 吸取含孢粉化石的上层溶液,并清洗掉重液,得到孢粉化石。

＊为什么观察时要滴上甘油呢?
因为观察者通过按压薄片可使孢粉化石在甘油滴液中旋转,这样可以全面观察到孢粉化石的各个部位。

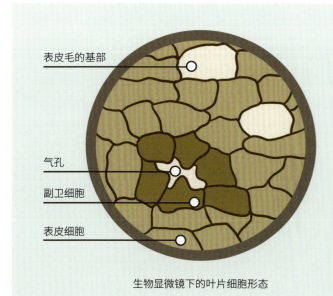

叶片化石的实验与观察

从保存较好的叶片压型化石上揭取碳质薄膜并进行酸解实验处理,从而得到叶片角质层化石,将它制作成薄片,在生物显微镜下对叶片表皮细胞的形态进行观察。

＊气孔是植物体在光合作用和呼吸作用时通过叶片控制水分蒸腾、进行气体交换的重要通道,气孔周围的保卫细胞和副卫细胞共同协作调节气孔的打开和关闭。这里看到的是副卫细胞。

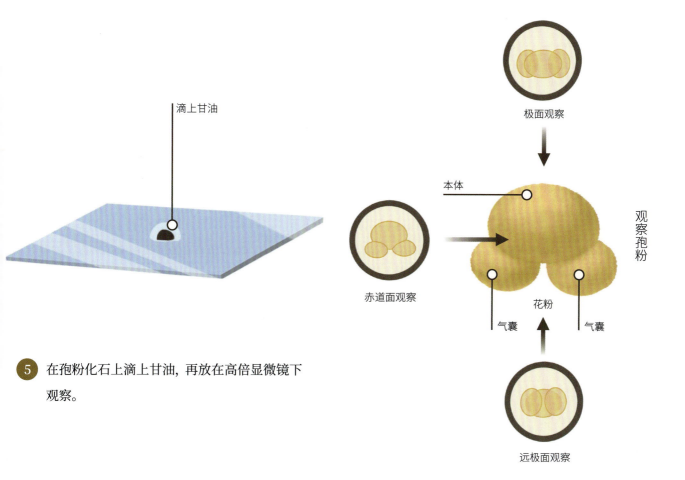

⑤ 在孢粉化石上滴上甘油,再放在高倍显微镜下观察。

我们通过这些古植物学、孢粉学实验,从植物化石里得到了2.5亿年前的古植物的茎干、孢粉、叶片等组织部分的具体结构组成信息,接下来我们要开始复原古植株了。

复原

复原

如何复原一株古植物

复原一株完整的古植物需要我们对古植物各个部位的化石进行研究，并建立起联系，这个过程有点类似拼图游戏。

和对现存植物的研究不同，我们在对古植物进行研究时很难采集到完整的植物体化石。在形成化石的过程中，植物体风、水流、重力的作用下会散落成各个部位并被分别保存，例如根、茎、叶、果实等。大多数时候这些分散的化石之没有直接的连接记录，它们杂乱地混合在一起，无法确定这些碎片是来源于一种植物还是多种植物。于是，古植物学们采取形态属种①命名的方式来暂时地标记这些化石，给保存下来的植物体每一部分化石都起一个名字，等到发现了个部位间直接连接的证据后，再用自然分类②的方式来为这些化石进行综合命名。

不同古植物各部位化石的形态属种名称

* 为了认识我们身边丰富多样的自然界，科学家们建立了界、门、纲、目、科、属、种这样的自然分类法。

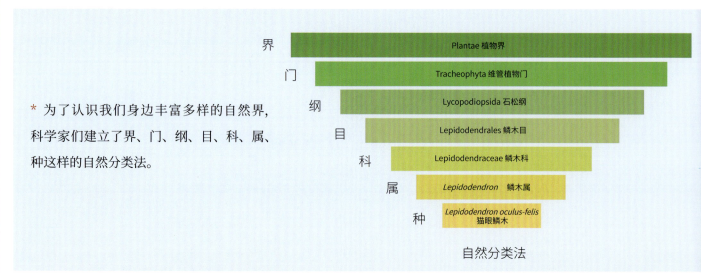

自然分类法

开启古植物复原

对古植物的完整复原是一件艰难而长期的工作，植物化石的碎屑化保存特点决定了在保存过程中容易缺失一些重要的证据，只有当证据链条完整出现时，古植物的整株复原才让人信服。所以我们一代又一代的古植物研究者不断努力探寻着它们的真实面貌。

孢子囊穗化石

叶片化石

叶座化石

脐根座化石

根座化石

一株完整的古植物各部位化石图

复原

参考现生植物

植物化石上保存的古植物形态通常是局部的、平面的印记,为了更直观地感受古植物的自然形态,我们来到植物园,根据对古植物化石分析得到的形态特征信息,找到与之形态相近的现生植物观察,为复原古植物的自然面貌作准备。

这是蕨类植物的羽片。

我们的复原工作室

2.5亿年前的古植物形象在我们头脑中越来越清晰。我们开始有步骤地对古植物进行自然形态复原。

4.检查单株古植物复原过程

5.古植物群落复原

身上长满"鳞片"的古植物

现在,让我们一起来掀开2.5亿年前古植物的面纱!

看,这颗化石上的印痕像不像猫的眼睛?

缩小看一看,像不像鱼的鳞片?

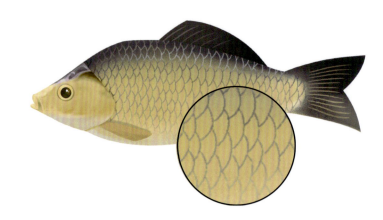

再见古植物

原来这是一株古植物茎干上的叶座化石。

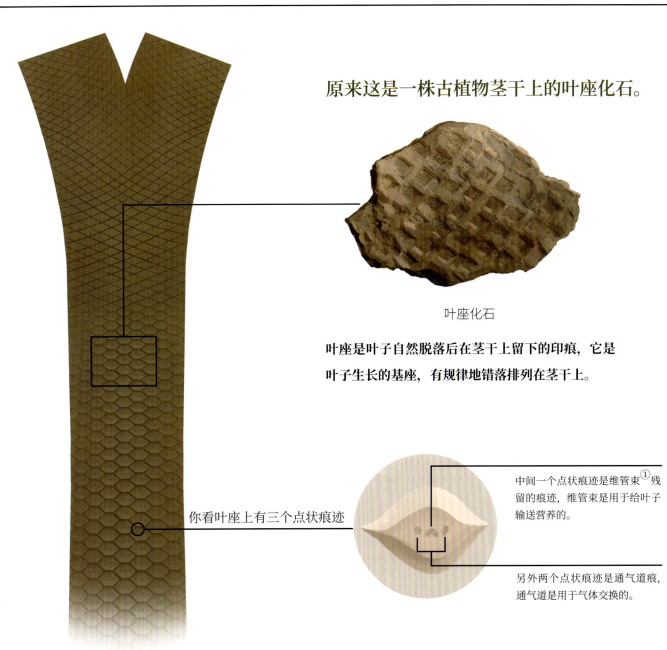

叶座化石

叶座是叶子自然脱落后在茎干上留下的印痕,它是叶子生长的基座,有规律地错落排列在茎干上。

你看叶座上有三个点状痕迹

中间一个点状痕迹是维管束①残留的痕迹,维管束是用于给叶子输送营养的。

另外两个点状痕迹是通气道痕,通气道是用于气体交换的。

古植物茎干

* 这株古植物的叶子就像运载火箭升空时一级一级脱落的火箭助推器一样,在接力完成了帮助植物成长的使命后,一级级地从茎干上脱落。

运载火箭助推器分离

这株身上长满"鳞片"的古植物叫什么名字呢?

复原

原始方式分枝的鳞木

它叫鳞木！你看，它是以我们发现的古植物茎干化石的典型形态特征来命名的。

向上看看它展开的枝条，你发现什么了？你仔细观察可以发现：它的枝条从最初的分枝开始直到末梢都是以等二歧分叉的方式往上发展的。

等二歧分叉的分枝方式

等二歧分叉是一种原始的分枝方式，从主干顶端开始分枝，每次分出两个小枝，依据同样的秩序逐级展开。

孢子囊穗掉落

鳞木枝条末梢下垂的是它的孢子囊穗，成熟的孢子会随着孢子囊穗的成熟、萎缩、破裂而被释放并散布到周围湿润的土壤中进而萌发，进行下一代的繁衍。

根痕 — 皮层和树皮 — 形成层和韧皮部 — 木质部 — 髓部

鳞木茎干横剖面

你再来看看它粗壮的茎干！通过分析鳞木茎干化石的横剖面结构，我们发现它依靠着厚实的皮质部分来支撑它那直立高大的茎干。它那看起来粗壮的茎干，实际上木质部①的占比很小，木质部的重要作用是疏导水分和无机盐，木质部占比小意味着它的传输能力相对弱，需要生活在水分充足的地方。

鳞木脐根座化石

再看看它的根，鳞木的根也展现出等二歧分叉的生长方式！它先分出四个主枝，再逐级以等二歧分叉方式平行展开。在根座分枝的远端长有须根，鳞木的脐根座化石就是须根脱落后留下的圆形根痕化石。

根据已发掘出的鳞木茎干化石信息，我们得知鳞木可高达50m。

鳞木复原图

干旱环境下雪松的根系

不同环境下的植物根系有不同的生长形态。干旱环境生长的植物根系需要深入土壤，比如雪松。潮湿环境的植物根系入土较浅，常常水平展开，比如鳞木。

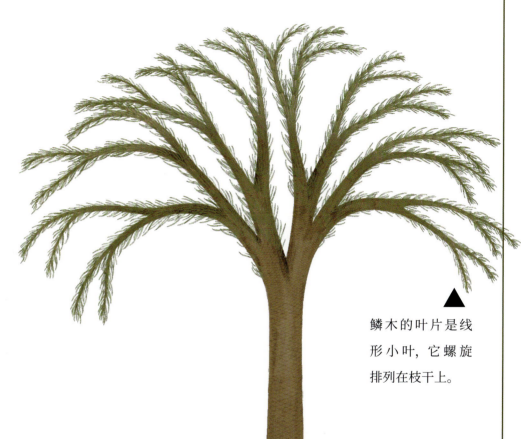

▲

鳞木的叶片是线形小叶，它螺旋排列在枝干上。

由于大量的鳞木根座化石被发现直立地保存在沼泽这样的环境中，就像它们还活着的时候一样，根据植物化石埋藏的类型特点，我们认为这些化石在形成的过程中没有被水流搬运，推测植物在死亡后根座深陷于淤泥被保存了下来。

我们发现了大量的鳞木水平展开的板根座化石标本，说明它可能生活在较为潮湿的环境，不需要扎根太深就能吸收到水分，而且它是依靠展开的板状根◎来支撑特别高大的身躯。

76

像现代绿萝一样会攀爬的古植物

鳞木看起来被什么植物盖住了?

这是一种类似现代绿萝的攀缘古植物,仔细看,它的茎上有小钩子,它的用处是什么呢?

茎上的小钩子

它就像电工师傅攀爬电线杆时用的脚扣,用来帮助植物攀爬。

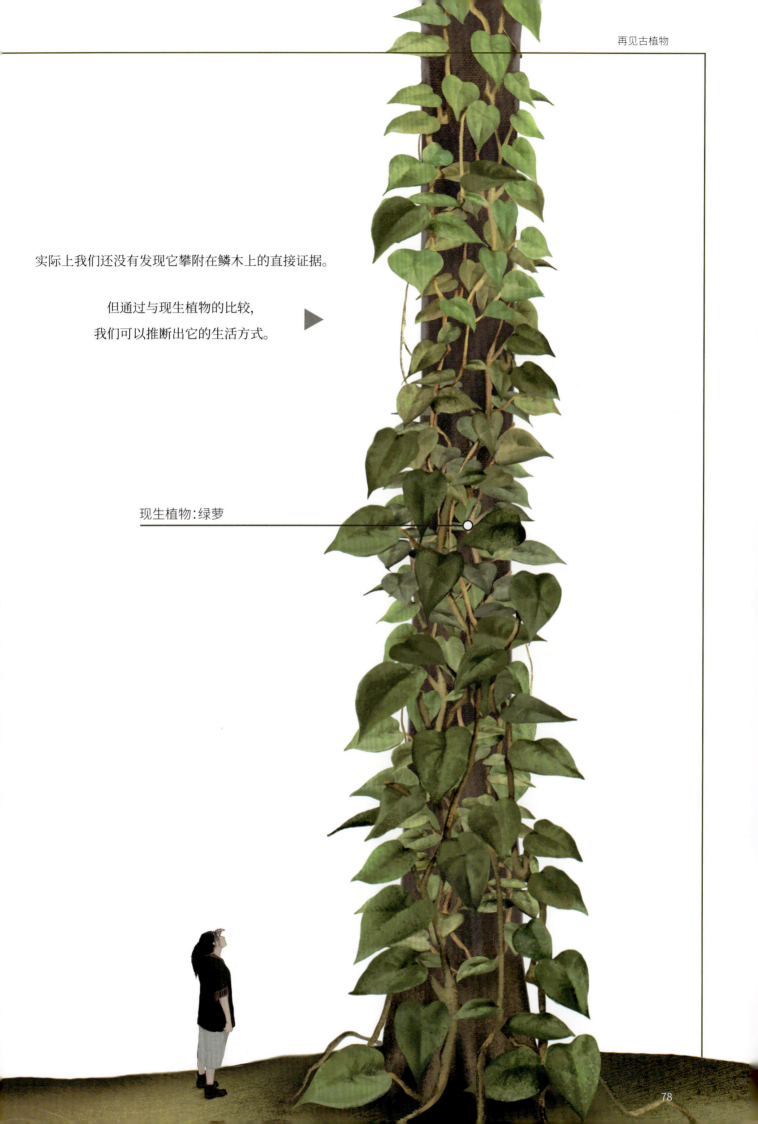

实际上我们还没有发现它攀附在鳞木上的直接证据。

但通过与现生植物的比较,
我们可以推断出它的生活方式。

现生植物:绿萝

再见古植物

复原

有着复杂叶脉的大羽羊齿

它叫大羽羊齿,看,复杂的叶脉是识别它的标志。

大羽羊齿叶片化石

复杂的叶脉

大羽羊齿复原图

* 大羽羊齿复杂的叶脉结构与二叠纪其他古植物简单的原始叶脉结构似乎并不应该存在于同一个时期,它与1.5亿年后才出现的被子植物叶脉更加相似,直到发现它的蕨类特征的繁殖器官,并且在同一地层中发现了整个植物群落,我们才确认如此复杂的结构在远古早已经演化出来。

我们来看看叶脉的功能！

叶脉的功能

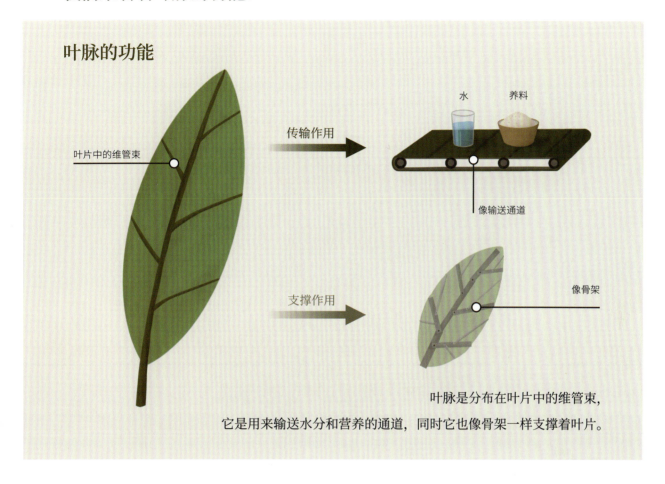

叶脉是分布在叶片中的维管束，它是用来输送水分和营养的通道，同时它也像骨架一样支撑着叶片。

叶脉分级与传输能力

叶脉分级次数与输送能力的强弱有关：叶脉分级次数越多，分布会越细密，说明植物传输水分和营养的能力越强；叶脉分级次数越少、越简单，说明传输能力就相对弱一些。

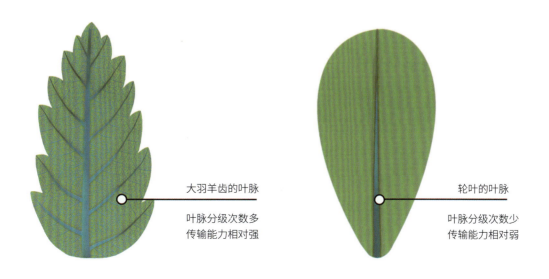

羽片像梳齿一样排列的古植物

这是另一种古植物的羽片化石。

我们依据它的羽叶形态特征将它命名为栉羊齿。栉（zhì）是梳子的意思，看，它像吗？

栉羊齿羽片化石

它的形态像梳子一样。

什么是羽片呢？

我们需要先来了解一下什么是单叶，什么是复叶。

植物的叶柄上只生长一片叶片的叶称为单叶。

单叶（桂花叶）

叶柄上生长着几片分裂的小叶的叶称为复叶。
复叶又分为掌状复叶和羽状复叶。

掌状复叶（人参叶）　　　羽状复叶（栉羊齿叶）

羽片指的就是羽状复叶。

长得像树一样的蕨类植物——栀羊齿

通常我们印象中的蕨类植物是长得比较低矮的喜阴草本植物,但我们从发现的栀羊齿茎干化石判断这种蕨类植物是一种高度可达15m的树蕨①。

我们来观察下栀羊齿的树冠中央,你看,它新长出的幼芽像胎儿一样卷曲着隐藏在树干的顶端,随着不断生长而慢慢展开。

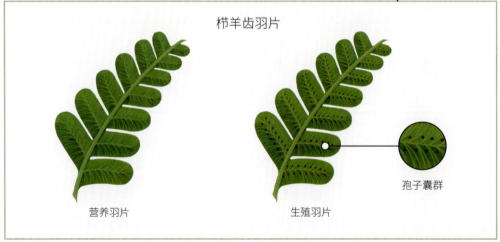

栀羊齿羽片

营养羽片　　生殖羽片　　孢子囊群

栀羊齿的羽片分为营养羽片和生殖羽片。你看,生殖羽片上长满了孢子囊群,孢子囊群由羽片来供给营养,待成熟后随风或者水流传播。孢子在萌发过程中必须依赖水,不然无法繁殖。

再见古植物

羽片
栉羊齿的羽片很单薄，不能在阳光下暴晒，因此它需要在比它高大的鳞木树阴下生活。

羽轴
它的羽叶脱落后会在茎干上留下羽轴。

栉羊齿复原图

幼年栉羊齿
幼年的栉羊齿没有茎干，只有展开的枝叶，所以它的水分传输距离短，必须靠近水边生长。

复原

渴望阳光的古植物

这是一片叶化石,它的真实自然状态是怎样的呢?

轮叶化石

看看我们所做的复原图,这是一种古植物的枝叶,它被命名为轮叶,我们是以它的叶序特征来命名的。

轮叶复原图

这里我们来了解一下什么是叶序吧,很有意思的。

叶序指叶片在植物茎枝上排列的次序,有对生叶序、互生叶序、轮生叶序等。

对生叶序　　　　　互生叶序　　　　　轮生叶序

来想想,植物为什么会发展出这样的叶序呢?

因为植物为了生长,需要让它的每个叶片都能均匀充分地接受光照,以达到最大的光合作用效率,同时还要保证茎枝均匀受力,以达到平衡。

假想叶序图

如果植物叶片如此排列,下方叶片会因为上方叶片的遮挡而无法充分获得光照进而枯萎。

复原

轮叶的茎干叫芦木

我们从前文中知道这种古植物的枝叶部分被命名为轮叶,但它的茎干却有另一个名字:芦木。

轮叶的茎干——芦木

轮叶轮生在芦木茎干的节上。

我们知道植物化石通常呈分散状态保存并被分别命名,因此出现了这个植物茎干被命名为芦木,而它的叶片被命名为轮叶的情况。当发现了两者之间连接的证据后,这种古植物被综合命名为芦木。

轮叶和芦木　　芦木化石

芦木的疏导能力

植物的蒸腾作用①使它的茎干有类似抽水泵的功能,帮助植物从根部吸收水分和无机盐,但芦木茎干为中空结构,运输能力相对较弱,所以只能生活在水边。

根据现有的芦木化石标本,我们发现芦木有草本状的,也有乔木状的,有的高度仅仅有几十厘米,也有的可以高达10m。

芦木表面有纵肋痕、有节且中空,它的这种有节的结构有点像竹子。

蒸腾作用

节
纵肋痕
根

芦木解剖结构

中空

芦木孢子囊穗

我们发现芦木的孢子囊穗大多长在主干的顶端，它的孢子需要在富含水分的土壤中萌发，所以芦木需要生长在水边或者浅水中。

轮叶叶脉

轮叶叶脉为单脉结构，输导系统相对简单，这使得它传输水分的效率相对较低，需要离水源近。

我们从保存轮叶化石的地层古环境分析中发现，大量的化石出产于河流相②的岩层中，这是帮助我们推断它当时的生活环境的重要依据之一。

芦木复原图

芦木的地下茎

因为临水环境中的土壤含水多、较松软，所以芦木的地下茎十分发达。它的地下茎和根连成一个巨大的网，一簇一簇地成片生长，因此芦木可能有一定的排他性。另一方面，芦木喜欢时而被水淹没、时而没有水的沙土地环境，这种环境也不利于同时期的其他植物生长。

复原

一株古植物的复原历程

我们介绍了 2.5 亿年前生长在云贵高原地区的四种典型古植物——鳞木、大羽羊齿、栉羊齿、芦木，现在来梳理一下，我们对古植物的复原是如何一步步做到的。

总的来说，我们主要从保存在地层中的植物化石开始着手，利用古植物学的研究手段，通过对植物化石所保存的总体形态与细微结构信息的研究，得到其生活状态和生态习性的相关信息，最后基于古植物学上成熟的理论认识，开展古植株的自然形态复原工作。

植物主要由根、茎、叶以及繁殖器官组成，因此，我们主要对古植物的这些组成部分进行研究。通过对古植物生理特征的研究，进而恢复古植物生态习性的信息。

对鳞木的研究

① 以对鳞木的研究为例，早期的古植物学家常常在石炭纪至二叠纪（距今约 3.5 亿～ 2.5 亿年）的地层里面发现一类与众不同的茎干化石。这类茎干化石具有等二歧分叉的分枝特点，并且茎干上有着整齐、紧密排列的"鱼鳞状"的结构，因而依据其形态特征取名为鳞木。

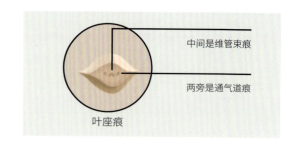

发现茎干化石，根据其形态特征取名为鳞木

② 经过古植物学家进一步开展解剖学工作才发现这些"鱼鳞状"的结构里面有维管束及通气道，从而认识到这些"鱼鳞状"的结构为叶座痕。

认识到鳞木茎干化石上"鱼鳞状"的结构是叶座痕

③ 古植物学家利用植物解剖学方法对茎干展开切片研究，又认识到鳞木茎干的内部组成具有现代大部分植物都有的皮层及木质部，但其皮层占比远远高于木质部，这是一种在古植物学中较为原始的茎干类型，并且十分依赖水源供给。

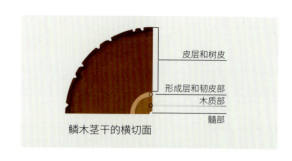

发现鳞木茎干属于较为原始的茎干类型，并且十分依赖水源供给

发现鳞木原地埋藏于泥炭沼泽环境

4 随着原地埋藏的鳞木化石被发现，古植物学家通过沉积地质学的研究方法发现这些原地埋藏的鳞木化石保存在泥炭沼泽环境中，并经综合分析逐渐认识到鳞木的生活习性是喜欢生活在水源供应十分充足的低洼潮湿的泥炭沼泽环境中。

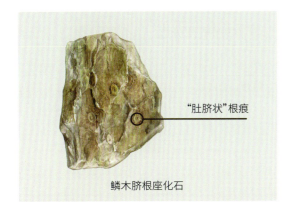

鳞木脐根座化石

发现鳞木根的等二歧分叉特征，发现前人找到的异地埋藏的脐根座化石是鳞木根座化石

5 这些原地保存的鳞木化石同时为古植物学家对鳞木这类茎干地下部分的根的认识提供了极为重要的直接证据。经过针对这类标本的古植物学研究的长期积累，我们认识到鳞木的根同样具有等二歧分叉的分枝特点，并具有类似板状根的特征，其须根脱落后会留下"肚脐状"根痕。古植物学家通过梳理之前的研究发现，原来一些分散破碎的具有"肚脐状"根痕（之前被称为脐根座属）的根化石就是因鳞木死后被打碎异地搬运埋藏而保存下来的。

鳞木叶片化石　　鳞木孢子囊穗化石

发现鳞木叶片和繁殖器官并研究出它们的形态

6 在有些原地保存的鳞木化石标本上还保存有鳞木的叶子及繁殖器官，古植物学家同样运用古植物学研究方法揭示出来了它们的样貌和形态。

完成鳞木自然形态的完整复原

经过了一代又一代古植物学家在过去一百多年间不断采集鳞木化石标本和开展一系列古植物学研究之后，我们才形成了对鳞木植物的形态、生活状态及生态习性的全面认识，从而才能进行完整的鳞木复原。

复原

古植物拼图

我们将复原的四种典型古植物体的各部位分解开来,请大家用序号对它们进行排列组合,填入右边相应的古植物名称后,来重建它们的完整形态。

答案：

栉羊齿：_____

大羽羊齿：_____

轮叶：_____

鳞木：_____

栉羊齿
5、9

大羽羊齿
1、3、8

轮叶
4、6、10

鳞木
2、7、11

古植物王国

归纳古植物生态环境信息

完成了单株古植物自然形态复原后,我们整理出这四种古植物的生态特征以及生活环境判断的重要信息,为进一步复原古植物群落作准备。

鳞木

1. 鳞木的枝条从最初的分枝开始直到末梢都是以等二歧分叉的方式往上发展的。
2. 鳞木的根也展现出等二歧分叉的生长特点。
3. 我们发现鳞木依靠着厚实的皮质部分来支撑它那直立高大的茎干。它那看起来粗壮的茎干,实际上木质部的占比很小,因此它需要生活在水分充足的地方。
4. 我们发现了大量的鳞木水平展开的板根座化石标本,说明它可能生活在较为潮湿的环境,而且依靠展开的板状根来支撑特别高大的身躯。
5. 根据已发掘出的鳞木茎干化石信息,我们得知鳞木可高达50m。
6. 大量的鳞木根座化石被发现直立地保存在沼泽环境中,根据植物化石埋藏的类型特点,我们认为这些化石在形成的过程中没有被水流搬运,推测植物在死亡后因根座深陷于淤泥中而被保存了下来。

生态特征:等二歧分叉,木质部占比小的高大茎干,高可达50m,板状根; 环境判断:沼泽环境。

大羽羊齿

1. 这是一种类似现代绿萝的攀缘古植物,它的茎上长有用来攀爬的小钩子。
2. 复杂的叶脉是识别它的标志。叶脉的分级次数与输送能力的强弱有关,叶脉分级次数越多分布会越细密,说明植物传输水分和营养的能力就越强。

生态特征:攀援植物,复杂的叶脉; 环境判断:水分充足的环境。

古植物群落

栉羊齿

1. 我们从发现的栉羊齿茎干化石判断这种蕨类植物是一种高度可达15m的树蕨。
2. 栉羊齿的生殖叶片上长满了孢子囊群，待成熟后随风或者水流传播，孢子在萌发过程中必须依赖水，不然无法繁殖。
3. 栉羊齿的羽片很单薄，不能在阳光下暴晒，因此它需要在更高大的鳞木树阴下生活。
4. 幼年的栉羊齿，只有展开的枝叶，没有茎干，必须靠近水边生长。

生态特征：树蕨，幼年时没有茎干，高度可达15m，与鳞木伴生；环境判断：离水源近的环境。

芦木

1. 轮叶轮生在芦木茎干的节上。
2. 芦木茎干为中空结构，传输能力相对较弱，所以芦木只能生活在水边。
3. 我们发现芦木的孢子囊穗大多长在主干的顶端，它的孢子需要在富含水分的土壤中萌发，所以它需要生长在水边或者浅水中。
4. 轮叶叶片为单脉结构，因而其传输水分效率相对较低，需要离水源近。
5. 芦木的地下茎十分发达。它的地下茎和根连成一个巨大的网，一簇一簇地成片生长，因此芦木可能有一定的排他性。另一方面，芦木喜欢时而被水淹没、时而没有水的沙土地环境，这种环境也不利于同时期的其他植物生长。
6. 我们从保存轮叶化石的地层古环境分析中发现，大量的化石出产于河流相的岩层中，这是帮助我们推断它当时的生活环境的重要依据之一。

生态特征：轮叶轮生在芦木茎干的节上，叶片单脉，茎干中空，孢子穗长在主干的顶端，芦木扩张性强；环境判断：水边。

古植物群落生态关系与环境复原

依据整理出来的环境信息我们发现,这个消失的古植物群落当时生活在十分潮湿的低地沼泽环境中。

沼泽 ▼

古植物群落生态关系:

1. 芦木的生理结构特征表明芦木在群落中是离水源最近的植物,它与现代木贼具有亲缘关系,生活习性接近,所以我们推测芦木的生活环境可能也是河边或潮湿的低地。
2. 枍羊齿是离水源较近、喜潮湿的树蕨,它和现代树蕨桫椤的生活习性相近,喜爱半荫蔽的环境,因而我们推测它可能会生长在高大的鳞木旁。
3. 大羽羊齿是攀缘植物,像现代绿萝一样需要攀爬在高大的植物上,我们推测它会攀爬在鳞木上。也有研究者推测大羽羊齿可能攀爬在枍羊齿上。
4. 鳞木是群落中最高大的植物,占领了群落最高的空间,因此获得了最充分的光照。

古植物群落

2.5 亿年前的古植物王国

我们复原出了 2.5 亿年前的古植物王国，在这里有高大的鳞木、有伴生在它身旁的栉羊齿、有攀援在它身上的大羽羊齿、有生长在水边较低矮的芦木，这些喜湿植物分别占据了群落中的不同空间层位，呈现出一片热带雨林景象。

亿万年的沧海桑田

等一下!热带雨林生长在炎热而湿润的赤道附近,而这些古植物化石不是在我国西南地区云贵高原上采集的吗?那里怎么会有热带雨林?难道我们搞错了?

你看,这是 2.5 亿年前的地球!根据地球板块构造运动的研究,我们发现今天的云贵高原当时的确位于赤道附近,这样就对上了!

北极

2.5 亿年前的地球

南极

我国云贵高原当时所在位置

今天的云贵高原

古植物王国

这片古老的热带雨林去哪了

这是哪儿？我们辛苦复原的热带雨林哪去了？长在海边的又是什么植物？

我们复原的这片距今2.5亿年的热带雨林经历了地球显生宙①历史上最大的一次生物大灭绝事件，这个植物群落在大灭绝中几乎完全消失。大灭绝事件发生之后，在当时的云贵地区的滨海地带最先零星出现了被称为脊囊的单一石松植物群。

生物大灭绝事件

* 地球历史上经历了五次生物大灭绝,2.5亿年前的这次大灭绝是其中第三次,也是最大的一次。

▼ 2.5亿年前的生物大灭绝

90%的海洋生物消失
75%的陆地脊椎动物消失
55%的陆地植物消失

脊囊

2.5亿年前的生物大灭绝事件

我们从古植物的视角用动画讲述了地球显生宙历史上最大的生物大灭绝事件:《二叠纪末期植物大灭绝事件》。

这次生物大灭绝事件是如何发生的？为什么生命会一次次经历这样的悲剧？

那些活下来的植物是如何逃过这场灾难的？地球生命又是怎样复苏的？

我们的旅程还没有结束！

▼ 请扫码观看！

注释

地层年代新老关系判断法则 ······ 7
①**沉积岩**：沉积岩是指在地表或近地表的常温常压条件下，风化的碎屑物（泥、砂、植物碎片等）经过外力（水、风等）搬运作用、沉积和成岩作用形成的岩石。

植物化石与动物化石的比较 ······ 15\16
①**细胞膜**：细胞膜是包裹在细胞外的一层有弹性的膜，用来吸收、代谢、传输营养。
②**细胞壁**：细胞壁是多出现在植物细胞的细胞膜外侧的较厚、坚实且略具弹性的一层结构。
③**角质层**：角质层是植物体表皮细胞分泌的一层近似蜡质的保护层，具有表皮细胞外部形态的非细胞结构。
④**无机物**：无机物是组成生命体的基础物质之外的物质，比如水、盐、钙等。
⑤**有机物**：有机物是生命的基础物质，比如脂肪、蛋白质、糖、叶绿素、酶等。

植物化石的埋藏类型 ······ 18
①**牛轭湖**：牛轭湖是河流截弯取直改道后残留的废弃河道形成的牛角状小湖。

采集工作内容 ······ 33\34
①**倾向和倾角**：倾向是地层向下延伸方向在水平面上的投影，倾角是地层延伸方向与水平面的夹角。
②**露头**：岩层经过自然或人工的破坏，裸露出地表，这块裸露的岩层区域被称为露头。
③**碳质薄膜**：植物化石中碳化且被压扁成薄膜状的部分。

植物化石的保存类型 ······ 53
①**碳基成分**：地球上已知的所有生物都属于碳基生物，是以碳元素为有机物质基础的生命。

解剖植物茎干化石 ······ 57
①**木化石**：木化石是植物茎干石化而成的化石。

酸解孢粉与叶片细胞化石 ······ 61
①**孢粉**：孢子植物的孢子和种子植物的花粉的统称，它们是植物的生殖体之一。
②**硅和钙**：硅和钙是岩石中常见的主要成分。

孢粉与叶片细胞化石的实验与观察 ······ 63
①**重液**：一种高密度液体，这里用于将相对密度较小的孢粉化石从相对密度较大的岩石矿物中分离出来。
②**离心作用**：利用离心机，经过上千转速的高速旋转，加速重液中的孢粉化石颗粒与岩石矿物颗粒的分离。

如何复原一株古植物 ······ 67
①**形态属种**：按植物化石形态（如叶的基本形态）间的相似性而建立的属种。
②**自然分类**：自然分类是指依据形态、生理特征及亲缘关系的综合相似性来进行的更接近于自然演化规律的分类，与主观性较强的形态属种分类方式一起构成古生物分类的方法。

身上长满"鳞片"的古植物···74
①维管束：维管束多存在于植物体的茎、叶(叶中的维管束被称为叶脉)等器官中，主要作用是输导水分、无机盐和有机养料，也有支撑植物体的作用。

原始方式分枝的鳞木···75\76
①木质部：木质部是树干的主要组成部分，也是维管植物的运输组织。
②板状根：板状根是热带雨林木本植物所特有的板状不定根，以茎为中心展开辐射生出，形成巨大的侧翼。

长得像树一样的蕨类植物——栉羊齿···83
①树蕨：一种木本蕨类植物，现今仅存桫椤。

轮叶的茎干叫芦木···87\88
①蒸腾作用：水分由活着的植物体经叶片或茎干以水蒸气的形式散发到空气中的作用。往往是植物体先由根从地下土壤中吸收了水分，通过输导组织运送至叶片、茎干，再经植物表面(叶表或茎表)散发到空气中。这个过程形成的压力差也为水分从植物体根部向上输送提供了一定的动力。
②河流相：河流相是一种沉积相，指由河流或陆表其他径流作用沉积的一套沉积物或沉积岩的组合，能用于指示当时的古地理环境是河流环境。

这片古老的热带雨林去哪了···103
①显生宙：显生宙一般是指从距今5.41亿年的寒武纪至今的这一段地质历史时期。

致谢

书籍

绘图

场景
李欣怡 杨思诗 黄惠诚 孙中萍 汪舒羽

人物
黄惠诚

古植物复原再现
杨思诗 郝欣雨 汪舒羽

化石
郝欣雨 李欣怡 汪舒羽 杨思诗 王义倩

设计

科学原理
李婉铖 孙中萍 邓蓉 万沐陈紫

图形
邓蓉 万沐陈紫 孙中萍 李婉铖 杜璐璐

游戏
袁璐

图表
董梓鑫

内页版式
蒋文静 袁璐 董梓鑫

封面
沤璐璐

思维导图
赵心怡 郝欣雨 李依恒 张楚蔚

顾问

殷鸿福 喻建新 徐珍 秦菁 高姗姗 哈迪

动画

导演
哈达

编剧
哈达　徐珍　舒文超

科学顾问
喻建新　舒文超　徐珍　楚道亮

3D制作
庄哲吉　许家辉

后期制作
潘天华　许家辉

音乐
王远枭

旁白
王远枭

古植物及场景复原
杜璐璐　杨思诗　罗佳　张瑶珺　范李雪　周琴　杨茜雯　夏丽颖

手绘
杨思诗　李欣怡　汪舒羽　郝欣雨　汪娅冲

图书在版编目（CIP）数据

寻找古植物王国：一场穿越2.5亿年的地质学旅行/哈达，舒文超著.——武汉：中国地质大学出版社，2022.9
ISBN 978-7-5625-5336-6

Ⅰ.①寻… Ⅱ.①哈… ②舒… Ⅲ.①古植物－青少年读物 Ⅳ.①Q914-49

中国版本图书馆CIP数据核字（2022）第124573号

寻找古植物王国
—— 一场穿越2.5亿年的地质学旅行

哈达　舒文超　著

| 责任编辑：彭　琳 | 责任校对：徐蕾蕾 |

出版发行：中国地质大学出版社（武汉市洪山区鲁磨路388号）　邮政编码：430074
电　　话：（027）67883511　　传　　真：（027）67883580　　E-mail：cbb@cug.edu.cn
经　　销：全国新华书店　　http://cugp.cug.edu.cn

开本：889毫米×1230毫米　1/16　　字数：119千字　印张：7.25　插页：1
版次：2022年9月第1版　　印次：2022年9月第1次印刷
印刷：湖北金港彩印有限公司

ISBN 978-7-5625-5336-6　　　　　　　　　　　　　　　　　　　　定价：68.00元

如有印装质量问题请与印刷厂联系调换